武汉农村建房标准图集 （上册）

农村民居标准图集 （指导版）

赵逵 著

华中科技大学出版社
http://www.hustp.com
中国·武汉

图书在版编目（CIP）数据

武汉农村建房标准图集：上下册 / 赵逵著. 一武汉：华中科技大学出版社，2019.6
ISBN 978-7-5680-5099-9

I. ①武… II. ①赵… III. ①农村住宅-建筑设计-图集 IV. ①TU241.4-64

中国版本图书馆CIP数据核字(2019)第101136号

武汉农村建房标准图集　上下册
Wuhan Nongcun Jianfang Biaozhun Tuji　Shangxiace

赵逵　著

策划编辑：张利琰
责任编辑：张利艳
封面设计：张　辉
责任校对：潘　鸣
责任监印：周治超
出版发行：华中科技大学出版社（中国·武汉）　　　　　电话：（027）81321913
　　　　　武汉市东湖新技术开发区华工科技园　　　　　邮编：430223
录　　排：华中科技大学出版社照排中心
印　　刷：武汉科源印刷设计有限公司
开　　本：1092mm×787mm　1/16
印　　张：25.5
字　　数：545千字
版　　次：2019年6月第1版第1次印刷
定　　价：199.00元（上下册）

前　言

为了切实实施乡村振兴战略，促进城乡统筹发展，科学引导农民建房，加快全市新农村建设步伐，按照《市人民政府关于大力推进乡村生态振兴的意见》（武政〔2018〕34号）和《市人民政府办公厅关于印发武汉市农村生活垃圾收集处理三年行动计划等四个行动计划的通知》（武政办〔2018〕87号）要求，华中科技大学建筑与城市规划学院设计团队深入各区街道、乡镇调研，广泛征求社会各界意见，编制完成了农村民居标准图集。该图集共含36套建筑方案，以尊重民俗、节约土地、经济适用、美观大方为设计原则，基本体现了具有武汉特色的传统居住文化，展示了荆楚派建筑风格。

赵逵教授负责本书整体撰写工作，下列人员在照片素材、设计方案、设计图纸和文字整理方面提供了帮助，在此表示感谢，他们分别是：阮晓红、邢寓、张晓莉、赵苒婷、李林、肖清明、吴舒畅、魏楠、姚彧、赵胤杰、张黎、郭思敏、匡杰、肖东升、王特、向雨航、张颖慧、王筱杭、李创、李雯。

图集在编制和撰写的过程中，许多单位和人士都给予了支持和帮助，在此感谢武汉市城乡建设委员会、华中科技大学建筑与城市规划学院、武汉华中科大建筑规划设计研究院有限公司等单位提供的指导和帮助，感谢华中科技大学出版社的编辑们一再的督促和审稿编辑工作，本图集才得以如期出版。

目 录

1

建筑导则

1.1　编制目的

为贯彻落实中共中央、国务院关于实施乡村振兴战略的意见，按照"产业兴旺、生态宜居、乡风文明、治理有效、生活富裕"的总要求，加快推进乡村治理体系和治理能力现代化，走中国特色社会主义乡村振兴道路，让农村成为安居乐业的美丽家园。中央城镇化工作会议强调，城乡建设要体现"尊重自然、顺应自然、天人合一"的理念，要让居民"望得见山、看得见水、记得住乡愁"。同时，武汉市新城区新农村农房建设应体现地方特色，展示荆楚文化。

为指导武汉市新城区新农村建设，改善农村整体风貌，引导农民科学合理建设民居，节约利用土地资源，促进农村规范建房，实现新农村建设在建筑风貌、生态景观等领域彰显地方建设特色，特编写本书。

1.2　编制原则

坚持生态优先、绿色发展的理念，大力改善村容村貌，推动农村人居环境综合整治工作。以中共中央、国务院关于实施乡村振兴战略的意见为指导，把握好"保持田园风光、增加现代设施、绿化村落庭院、传承优秀文化"的要求。

按照"安全、经济、适用、美观、省地"的指导思想，遵循"彰显特色、统一风格"的原则。加强武汉市新城区农房外观装饰、环境景观等方面的管控，引导农民科学合理建房，使农房建设与农业生产、产业发展相结合，与自然环境相协调，形成有特色的新农村风貌。

推行设计下乡服务方式，注重保护和传承乡村特色，打造"百里不同风、十里不同俗"的乡村风貌，防止大拆大建和乡村景观城市化、西洋化。

1.3　适用范围

本书适用于武汉市新城区新农村农房建设的新建（重建）、改扩建工程。武汉市新城区包括新洲区、江夏区、黄陂区、蔡甸区、汉南区、东西湖区。

1.4 使用说明

在使用本图集时，可根据当地情况，酌情选用材料。根据具体情况，当有些材料暂时无法获取时，可根据本书中的建筑细部篇章选择可替换的材料。同时，需针对每户居民不同的经济预算、审美偏好、户型需求，在一定的范围内做到自由选择。这样，既能做到保持新农村建设总体风貌的统一，又能在统一中体现多样性。

本图集从历史沿革与特色村落分布、村落分析、建筑细部、改造建筑标准图集、新建建筑标准图集五个方面介绍武汉市6个新城区的新农村农房建设。其中，对特色传统村落案例的分析体现了本区建筑元素的获取途径和案例，可以帮助村民更好理解建筑形式和当地文化的关系；对特色改造村落案例的分析则展示了本区民居建设的优秀改造典范，可以帮助村民更好地理解图集方案应用的材料、方案建成后的样式及其与本区传统建筑文化之间的关系。

下面以新洲区新建民居为范例，拟说明本图集在指导武汉市新城区新农村农房建设中的具体使用方法。

以新洲区民居的墙身部位来举例说明，在后面的图集中，对每个新城区民居的特色样式和材料也都进行了说明，并且注明了这一样式和材料现在正被哪里的村庄广泛使用。在设计和建造民居时，村民可根据图集列出来的来源，去现场实际参观和感受。

新洲区民居墙身材料多使用石材、红砖、青砖，偶有抹灰层覆盖。

墙身大多呈现三段式构造，下部一般为块石，用水泥勾缝；中部为红砖、青砖、小石块；墙身上部靠近檐口处有花纹图样，有的做法较简单，仅有抹灰。

原型样式

① 石骨山村民居

② 罗家湾民居

③ 陈田村民居一

④ 陈田村民居二

⑤ 郭希秀湾民居一

⑥ 郭希秀湾民居二

① 石骨山村民居

② 陈田村民居一

③ 陈田村民居二

④ 陈田村民居三

1.5 特色建材及其施工工艺流程

（1）水泥瓦：其施工工艺流程一般有基层处理、试排、弹线、选瓦、浸水、镶贴水泥瓦并加固、勾缝、成品保护等。

（2）黑布瓦：对遗留的黑布瓦进行甄选，选择保存完整的瓦片，将其切成左右两半，再进行屋顶的铺设。

（3）真石漆：其施工工艺流程一般有基面修整、清理灰尘、批嵌第一遍腻子(找平)、批嵌第二遍腻子、打磨腻子、验收墙面垂直度和平整度、弹线分割、涂刷底漆、粘贴美纹纸、喷涂真石漆主材、压平工艺、打磨真石漆主材面及分缝部位、喷涂面漆、调色再喷涂。

（4）青砖：其施工工艺流程一般有砂浆搅拌、作业准备、砖浇水、砌砖墙、验评。其中，灰缝要用青砂勾缝，不能用黄砂，因为青砂更细腻，以确保勾缝更加完整和美观。

（5）整木：从市场购入整木后，根据需要的长度来进行切割，再通过喷火的方式达到做旧的效果，最后刷一遍桐油，可以保护木头，防止其腐烂。

（6）仿夯土墙面：将黄泥打碎用筛子筛选，把细颗粒的泥土筛出来留用。再加入适量的水，兑少量水泥，以增加强度。同时，可兑入少量107胶水，还可以加谷壳，以增加黏结力。切记冬天气温低，尽量不要施工，否则会起冰凌，材料易脱落。

① 水泥瓦

② 黑布瓦

③ 真石漆

④ 青砖

⑤ 整木

⑥ 仿夯土墙面

1.6 院落组合形式

根据武汉市6个新城区所处的具体地形地貌，形成不同的院落组合形式。

当周围环境为山地或者林区时，建筑沿等高线合理布置，保证山体界面的景观；当有河流时，适当设置后院及边院；当四周为农田时，院落沿道路布置，并适当布置边院和后院，满足生产需要。

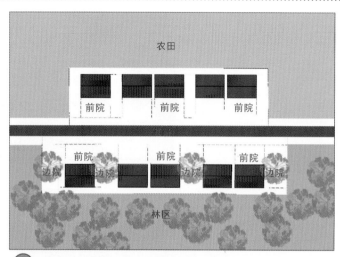

① 周围环境为农田及林区结合

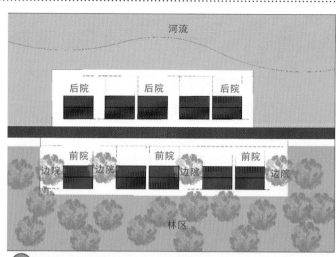

② 周围环境为河流及林区结合

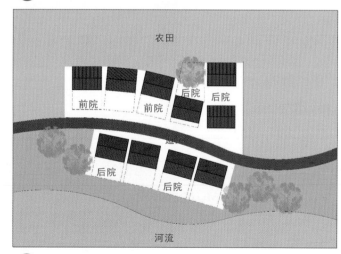

③ 周围环境为农田及河流结合

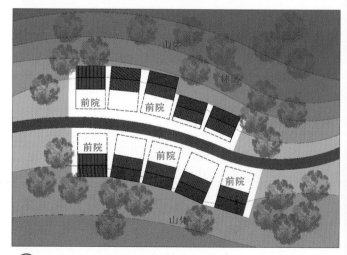

④ 周围环境为山体及林区结合

1.7 结构设计总说明

1）一般说明

（1）施工图尺寸单位：标高以米计，其余均以毫米计。

（2）本系列建筑结构的安全等级为二级，抗震设防类别为丙类建筑。

（3）本系列建筑的结构形式均为砖混结构。砌体结构施工质量控制等级为B级。

（4）基本荷载：基本风压为0.35kN/m²，基本雪压为0.50kN/m²，地面粗糙度类别为B类。

楼面活荷载：卧室、客厅为2.0kN/m²，楼梯为3.50kN/m²，卫生间、走廊、阳台为2.50kN/m²，楼面允许装修荷载为1.2kN/m²。

屋面活荷载：上人屋面为2.0kN/m²，不上人屋面为0.50kN/m²。设计屋面板、檩条、钢筋混凝土挑檐、雨篷和预制小梁时，施工或检修集中荷载≤1.0kN/m²。

楼梯、阳台和上人屋面等的栏杆顶部水平荷载为0.5kN/m²。

（5）本工程梁柱配筋采用平法表示，详见国标《混凝土结构施工图平面整体表示方法制图规则和构造详图》（16G101-1）。梁柱构造要求除注明外，均按此图集施工。

2）地基与基础

因本系列建筑系武汉市新城区农村建筑，地基情况千差万别，基础设计仅供参考。基础形式除注明外，均采用墙下条形基础，参见下表。

基础尺寸选用表

总层数	地基土质特性	b(mm)	h(mm)	备注
1	软土（fa=100kPa）	800	400	基础的材料可以根据当地材料特性
1	硬老土（fa=200kPa）	600	300	
1	坚硬土（fa≥250kPa）	600	300	
2	软土（fa=100kPa）	1200	500	混凝土选用低强度材料，素混凝土的强度等级不得低于C20。
2	硬老土（fa=200kPa）	1000	400	
2	坚硬土（fa>250kPa）	800	400	
3	软土（fa=100kPa）	1500	600	
3	硬老土（fa=200kPa）	1200	500	
3	坚硬土（fa≥250kPa）	1000	400	

注：1.选用毛石基础时，不得使用强风化的石材；
2.如遇特殊土质时应向专业人员咨询。

3）主要结构材料

（1）钢材：HPB300级钢筋（Φ）和 HRB400级钢筋（Φ）。

（2）混凝土：除基础外，所有混凝土构件的强度等级均不得低于C25。

（3）砌体：±0.00以下砌体采用M10水泥砂浆砌筑MU10蒸压灰砂砖（或老旧黏土砖）；±0.00以上砌体采用M5混合砂浆砌筑MU10蒸压灰砂砖（或老旧黏土砖）。

4）主要结构构件

（1）楼（屋）面板：有条件的地区可以采用预制楼面板；现浇楼（屋）面板可按下表选用。

楼（屋）面板尺寸选用表

板跨度 L(m)	板厚(mm)	板配筋
L<3.60	100	双层双向Φ8@180
3.6<L<3.90	110	双层双向Φ8@150
3.90<L<5.10	120	双层双向Φ10@150

（2）钢筋混凝土梁：现浇钢筋混凝土梁配筋按平面图标注配筋施工；过梁按图集选取；在软土地区及三层建筑中，应在基础顶部沿墙加设一道地基梁（配筋及截面如上表）；在三层建筑中，应在二层楼面标高处沿外墙增设一道圈梁（配筋及截面如上表）。

（3）钢筋混凝土柱：现浇钢筋混凝土框架柱及构造柱按平面图布置施工。

（4）钢筋混凝土楼梯：水平跨度小于3.00米的楼梯板厚度为110mm，受力筋为双层Φ12@150，分布筋为Φ8@200；楼梯梁按平面相应跨度现浇梁施工；休息平台板厚100mm，按相应现浇板跨度施工。

5）本图集所采用的标准图集

中南地区建筑标准设计图集：《钢筋混凝土过梁》（12ZG313），《民用多层砖房抗震构造》（12ZG002），《预应力混凝土空心板》（12ZG401）。国家建筑标准设计图集：《混凝土结构施工图平面整体表示方法制图规则和构造详图》（16G101-1）。

6）特别说明

在设计使用年限内，未经技术鉴定或设计许可时，不得改变结构的用途和使用环境。其他未尽事宜均按国家现行施工及验收规范执行。

2

新洲区

2.1 新洲区区域环境与特色村落分布

2.1.1 区域环境

新洲区位于武汉市东北部、大别山余脉南端、长江中游北岸，位于东经114°30′—115°5′和北纬30°2′—30°35′之间，东邻黄冈市团风县，西接武汉市黄陂区，南与武汉市洪山区、鄂州市华容区隔江相望，北与黄冈市红安县、麻城市相邻交错。

新洲区地势由东北向西南倾斜，山冈与河流呈"川"字形排列，俗称"一江（长江）、两湖（武湖、涨渡湖）、三河（举水河、倒水河、沙河）、四岗（楼寨岗、叶顾岗、长岭岗、仓阳岗）"，为武汉市东部水陆门户。

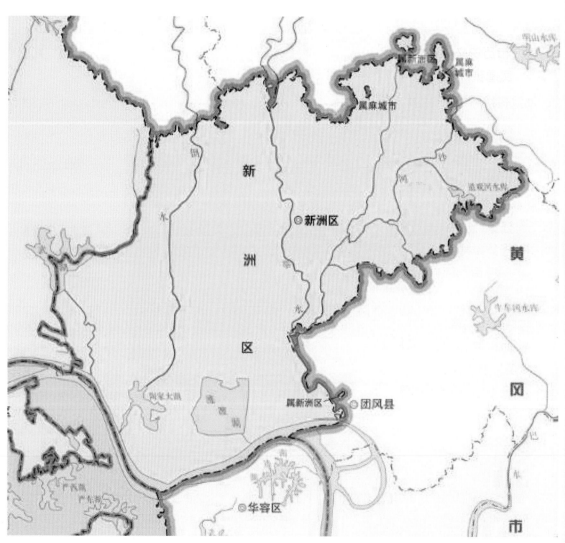

地图审图号：鄂S（2018）009号

10

2.1.2 特色村落分布

武汉市历史文化名村：
① 凤凰镇陈田村 ② 凤凰镇石骨山村

武汉传统村落：
③ 邾城街城东村 ④ 邾城街骆畈村
⑤ 邾城街红峰村 ⑥ 三店街华岳村
⑦ 阳逻街胡咀村

湖北省新农村建设示范村：
① 汪集街茶亭村 ② 汪集街汪集村
③ 汪集街陶咀村 ④ 汪集街西湖村
⑤ 邾城街巴山村 ⑥ 阳逻街竹咀村
⑦ 三店街宋寨村

武汉特色小镇：
① 旧街街 · 问津文化小镇

武汉生态小镇：
② 仓埠街 · 靠山小镇

湖北美丽乡村：
① 辛冲街蔡院村 ② 仓埠街杨岔村
③ 仓埠街上岗村 ④ 旧街街团上村

武汉美丽乡村：
⑤ 仓埠街项山村 ⑥ 潘塘街罗杨村
⑦ 旧街街孔子河村

注：地图中黑圆点是对应村落的位置，全书同。

地图审图号：鄂S（2018）009号

11

2.2 新洲区村落分析

2.2.1 特色传统村落案例

1）凤凰镇石骨山村

石骨山村的特色建筑——人民公社

石骨山村老宅，石墙黛瓦，形式统一

建筑立面采用三段式构造，石砌墙面，水泥抹灰，别致的檐口收边

村庄街道干净整洁，民居整齐划一

一排排整齐的石头房子，彰显了特定时代建筑的风格

石骨山村的宅间后院

2）陈田村

陈田村村头一隅，古朴的小道，高低错落的民居

红砖砌筑的民居，精致的墀头

陈田村民居聚落里的冷巷

从池塘远眺对岸的村庄民居

房前屋后保留着原始的状态

郭希秀湾门楼现今是省级文物保护单位

3) 李集街

古朴的李集街民居

耸立的檐口

砖叠涩砌筑的墀头，与檐口下精美的木构件相得益彰

李集旧街建筑风貌

李集旧街典型民居，砖石砌筑墙面，木结构门窗

李集大剧院代表着20世纪李集旧街的繁荣景象

2.2.2 特色改造村落案例
1）仓埠街靠山小镇及细李湾

白墙黛瓦，精美的木结构门

在原有建筑前加建院墙，形成院落空间，丰富空间层次

清水砖柱围合成一个过渡空间，人们可在此休息和聊天

村庄的整体建筑风貌

线条富有变化的低矮围墙围合成的院落，充满了生活气息

白色的墙面和房前屋后的植物相得益彰

15

2）孔子河村及问津书院

省级文物保护单位——问津书院

孔叹桥

孔子河村街景，挑出的檐口形成商业入口空间

孔子河村街景

仿木窗格防盗网

仿砖材质与木材质形成鲜明对比

2.3 新洲区建筑细部

2.3.1 特色建筑

A型传统民居：天井式砖木混合结构

建筑为天井式砖木混合结构；檐口部分涂灰并用灰塑图样；立面采用二段式划分，踢脚线较高，采用大块条石加青砖砌筑；建筑门洞过梁为粗壮的石质过梁，窗洞用砖砌筑。

下段为条石，上段为青砖

檐口彩绘

石质过梁

天井式建筑

陈田村

17

B型传统民居：一字形联排砖木混合结构

建筑为砖木混合结构；建筑山墙升起，墙角起翘；檐口部分用木构挑檐，其下做窗；立面采用二段式划分，踢脚线较高；山墙下段用大块石砌筑，上段用青砖砌筑；正立面下段用砖砌筑并涂白，上段用木构；建筑门洞和窗洞为砖砌。

下段为石砌，上段为砖砌　　正立面下段用砖砌筑并涂白　　　檐口下涂白　　　　墀头叠涩

18

2.3.2 屋顶

屋脊

檐口

改建村落案例：仓埠街靠山小镇、细李湾。

屋脊做出徽派建筑的形式，用砖砌筑，下面刷白色涂料，上面刷黑色涂料。

有的檐口用砖叠出，然后用水泥砂浆抹面，再涂上白色涂料；有的檐口用水泥勾出立体装饰；有的在檐口下刷红褐色漆，做成雀替形式的装饰；有的檐口直接突出，刷红褐色漆，做出木材质效果。

19

2.3.3 墙体

原型村落案例：罗家湾。

墙面全部用红砖砌筑。正立面凹进去的入口部分用水泥砂浆抹平并刷上白色涂料。侧立面整面用红砖砌筑，开小窗，做出博风板与悬鱼的样式。

正立面

侧立面

改建村落案例：问津文化小镇（孔子河村）

问津文化小镇基本是2—3层的改造建筑。建筑正立面是二段式，一层用涂料刷出砖砌效果，二层外包木板，窗外做一层木质花窗。侧立面墙体用涂料刷出灰砖白缝的效果，开装饰小窗，屋角起翘。

墀头仅有一种形式，用涂料刷出砖砌叠涩的效果。

正立面

侧立面

墀头

2.3.4 门窗

石骨山村、罗家湾、陈田村：门框、窗框多为石砌或砖砌。过梁用整块石材，较厚。门、窗本身多是木质。
李集街：门多为铁门，正立面窗为木窗，侧立面开木质小窗，无窗框。

石骨山村　　　　　罗家湾　　　　　　　　　　　　　　陈田村

李集街

2.4 新洲区改造建筑标准图集

2.4.1 方案一：一层单栋户型（临街型）

层数：一层　　　　　建筑面积：98平方米

基底面积：98平方米　　户型：一室一厅两院

改造方案预估造价：1.94万元

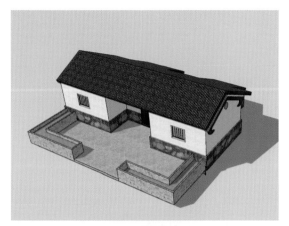

改造前

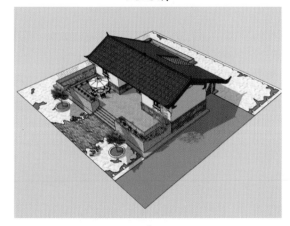

改造后

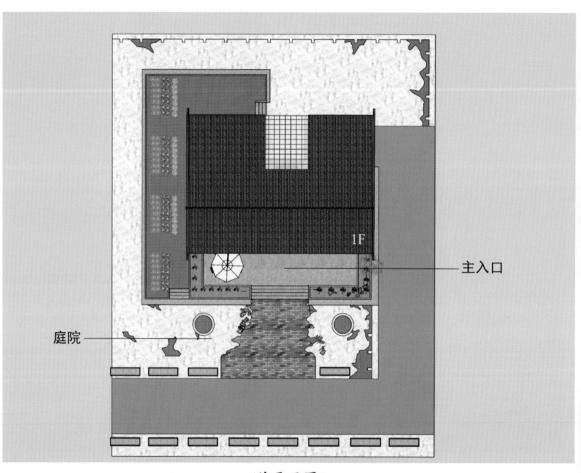

总平面图

主入口

庭院

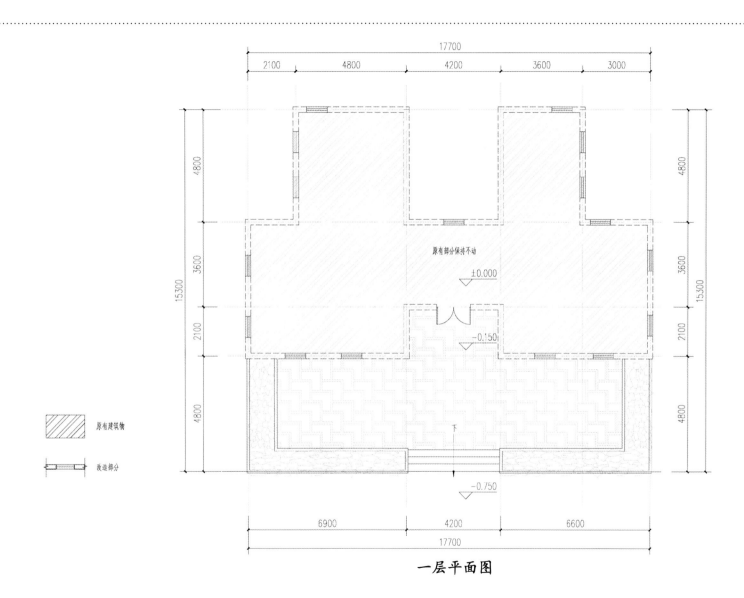

一层平面图

原有建筑物

改造部分

原有部分保持不动

±0.000

−0.150

−0.750

下

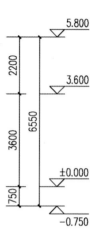

側立面图

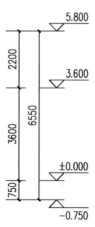

正立面图

细部装饰

① 墙基（摄于陈田村）

② 门和窗（摄于陈田村）

③ 墙体（摄于陈田村）

④ 墀头（摄于陈田村）

⑤ 屋顶装饰（摄于细李湾）

2.4.2 方案二：两层合院户型（非临街型）

改造前　　　　　　改造后

2F

停车位

庭院

车行入口　人行入口

总平面图

层数：两层　　　　　建筑面积：150平方米

基底面积：83.2平方米　　户型：三室两厅一院

改造方案预估造价：3.75万元

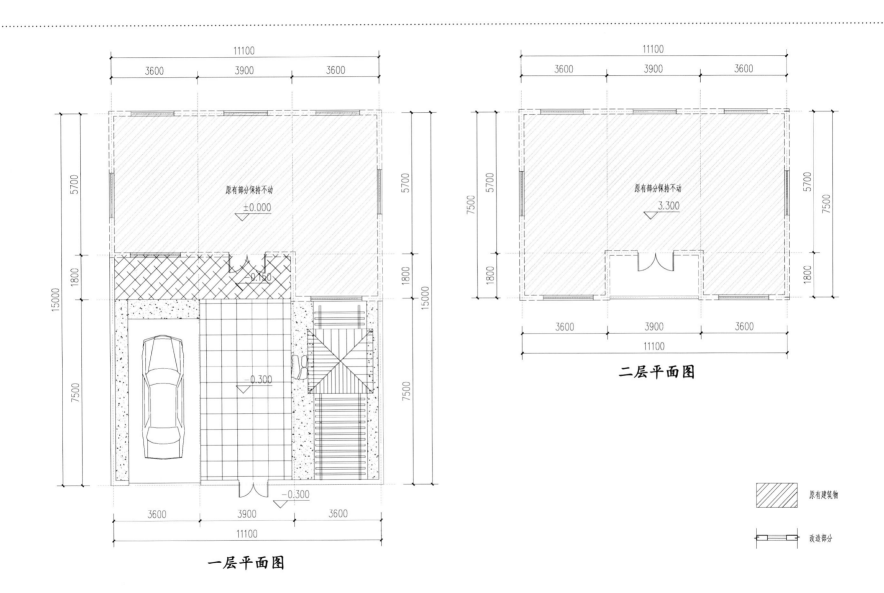

11100
3600　3900　3600
5700
15000
原有部分保持不动
±0.000
1800
7500
0.300
-0.300
3600　3900　3600
11100

一层平面图

11100
3600　3900　3600
7500
5700
原有部分保持不动
3.300
1800
3600　3900　3600
11100

二层平面图

原有建筑物

改造部分

29

正立面图

侧立面图

细部装饰

① 墙基（摄于陈田村）

② 犀头（摄于李集街）

③ 悬鱼（摄于罗家湾）

④ 博风板（摄于罗家湾）

⑤ 景墙（摄于靠山小镇）

⑥ 檐口（摄于陈田村）

2.5 新洲区新建建筑标准图集

2.5.1 方案一：一层单栋户型（可多拼、临街型）

效果图

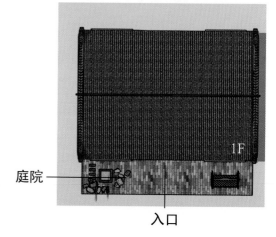

庭院

入口

总平面图

层数：一层　　　　　　建筑面积：90平方米

基底面积：90平方米　　户型：一室一厅两院

方案预估造价：7.2万元

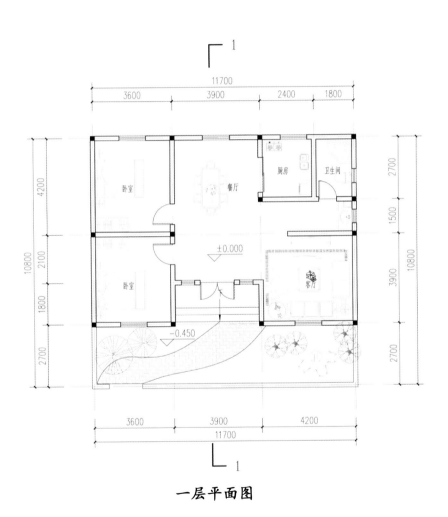

一层平面图

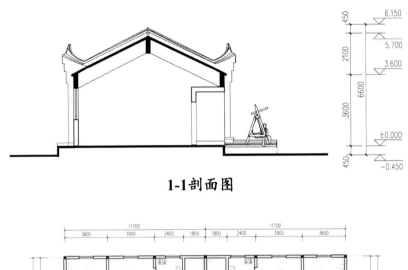

1-1剖面图

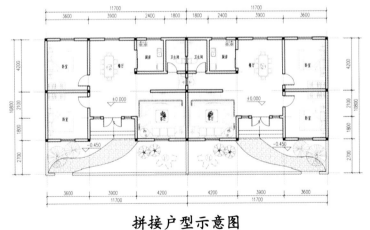

拼接户型示意图

注: 此方案为可以多拼的户型, 将独栋的平面户型
沿左右两侧轴线进行镜像对称, 即得到拼接后的户型。

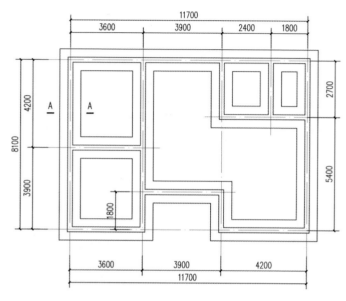

基础平面布置图

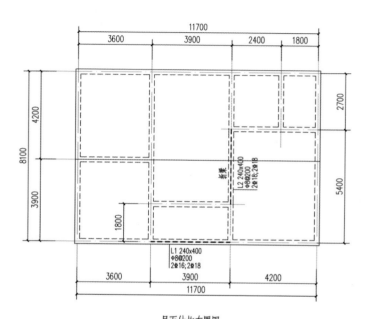

屋面结构布置图

注：现浇梁在墙内的支承长度不得小于墙厚，图中 ———— 表示布置有现浇梁，余同。

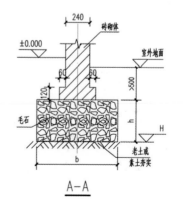

A—A

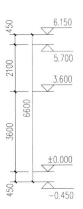

正立面图

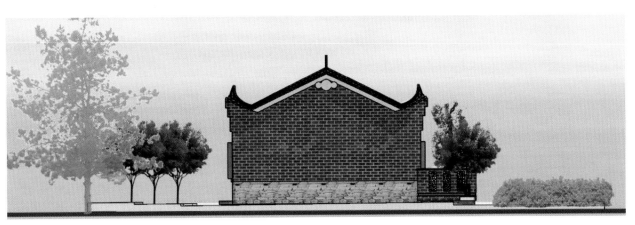
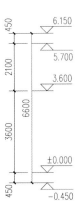

侧立面图

35

细部装饰

1 墙基（摄于陈田村）

2 门和窗（摄于陈田村）

3 墙体（摄于陈田村）

4 墀头（摄于陈田村）

5 屋顶装饰（摄于细李湾）

2.5.2 方案二：两层单栋户型（可双拼、临街型）

效果图

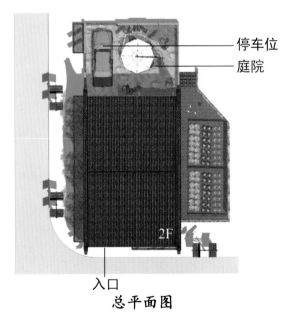

停车位

庭院

入口

总平面图

层数：两层　　　　　　建筑面积：155平方米

基底面积：74平方米　　户型：三室一厅两院

方案预估造价：13.95万元

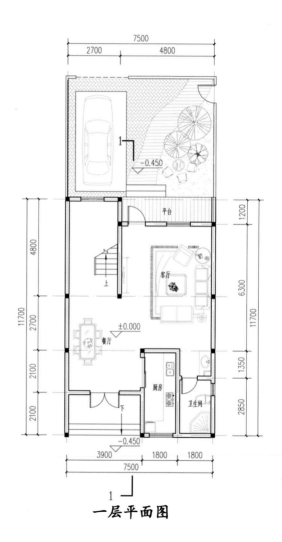

一层平面图

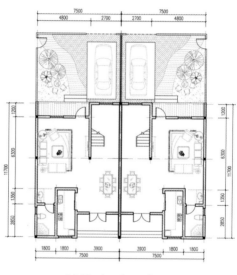

拼接户型示意图

二层平面图

注：此方案为可以双拼的户型，将独栋的平面户型沿左侧轴线进行镜像对称，即得到拼接后的户型。

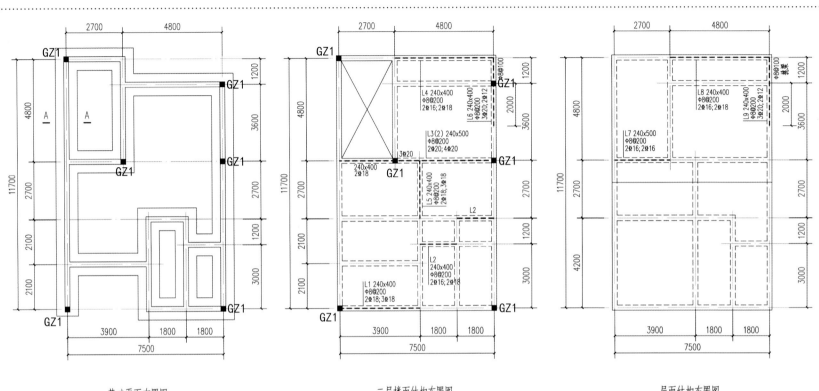

基础平面布置图

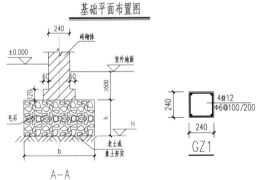

A—A

GZ1

二层楼面结构布置图

注：现浇梁在墙内的支承长度不得小于墙厚，图中 - - - - 表示布置有现浇梁，余同。

L4 240x400
Φ8@200
2Φ16；2Φ18

L6 240x400
Φ8@200
3Φ20；2Φ12

L3(2) 240x500
Φ8@200
2Φ20；4Φ20

240x400
2Φ18

L5 240x400
Φ8@200
2Φ18；3Φ18

L2
240x400
Φ8@200
2Φ16；2Φ18

L1 240x400
Φ8@200
2Φ18；3Φ18

屋面结构布置图

注：现浇梁在墙内的支承长度不得小于墙厚。

L8 240x400
Φ8@200
2Φ16；2Φ18

L9 240x400
Φ8@200
3Φ20；2Φ12

L7 240x500
Φ8@200
2Φ16；2Φ16

39

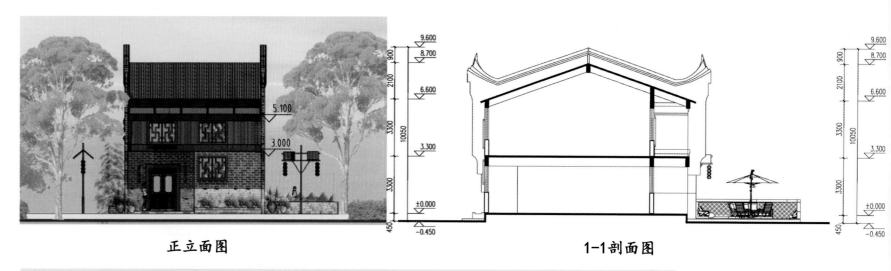

正立面图

1-1剖面图

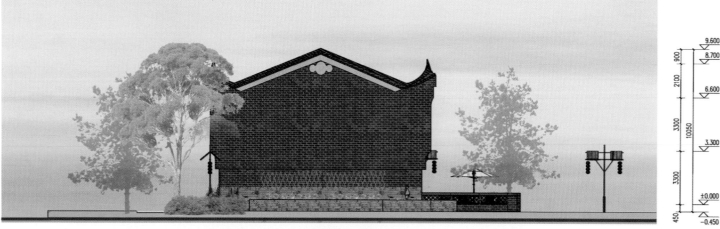

侧立面图

40

细部装饰

① 墙基（摄于陈田村）

② 窗户（摄于靠山小镇）

③ 墙面（摄于孔子河村）

④ 山墙（摄于孔子河村）

⑤ 犀头（摄于孔子河村）

⑥ 门扇（摄于靠山小镇）

⑦ 屋檐檐口（摄于李集街）

2.5.3 方案三：两层一字形合院户型（非临街型）

效果图

2F

庭院

入口

总平面图

层数：两层　　　　　建筑面积：196平方米

基底面积：98平方米　　户型：四室两厅一院

方案预估造价：17.64万元

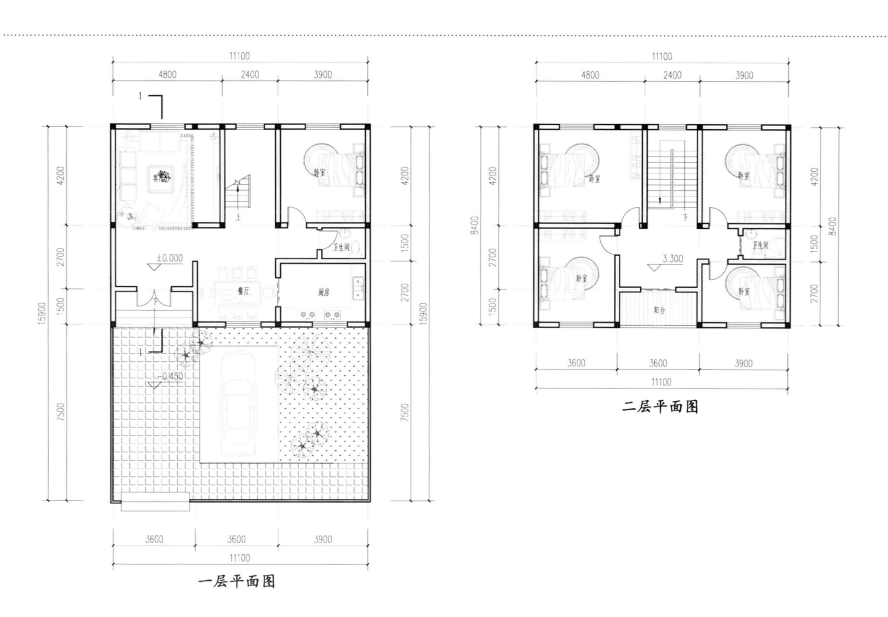

一层平面图

二层平面图

43

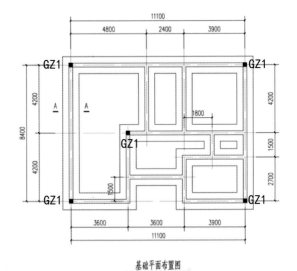

基础平面布置图

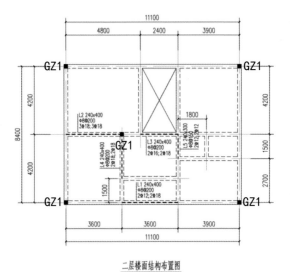

二层楼面结构布置图

注：现浇梁在墙内的支承长度不得小于墙厚，图中 - - - - 表示布置有现浇梁，余同。

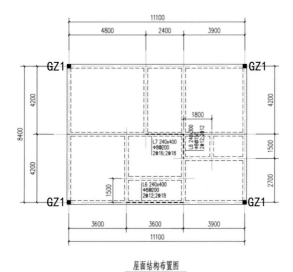

屋面结构布置图

注：现浇梁在墙内的支承长度不得小于墙厚。

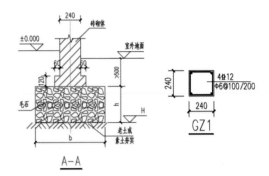

A-A

GZ1

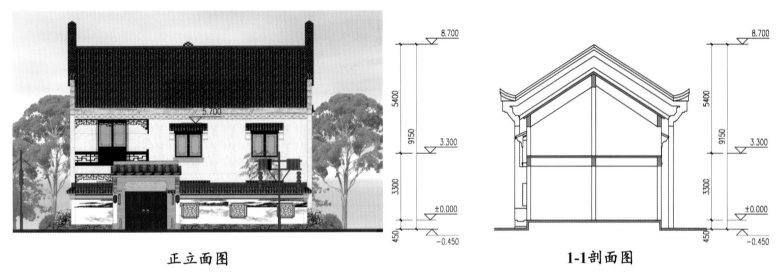

正立面图   1-1剖面图

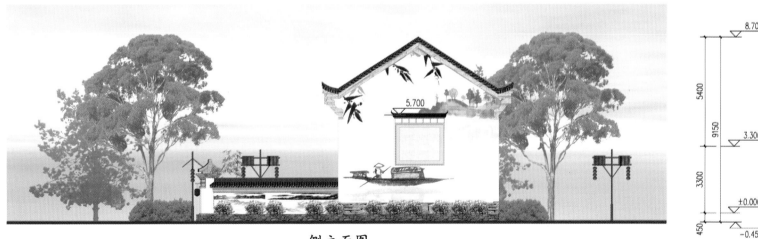

侧立面图

细部装饰

① 装饰（摄于罗家湾）

② 檐口（摄于陈田村）

③ 门框（摄于石骨山村）

④ 墀头（摄于石骨山村）

2.5.4 方案四：三层L形合院户型（非临街型）

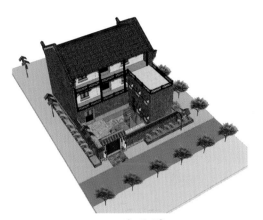

效果图

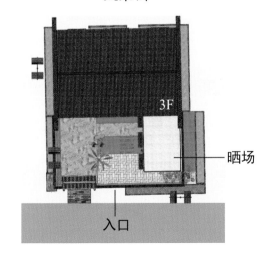

3F

晒场

入口

总平面图

层数：三层　　　　　建筑面积：280平方米

基底面积：109 平方米　　户型：六室四厅一院

方案预估造价：22.4万元

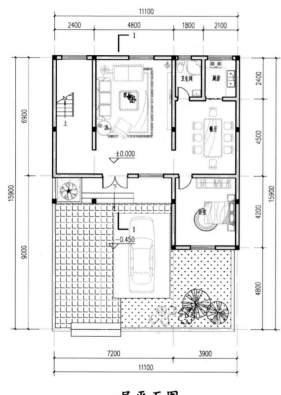

一层平面图

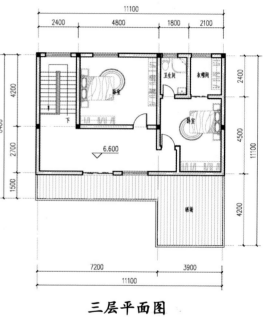

二层平面图

三层平面图

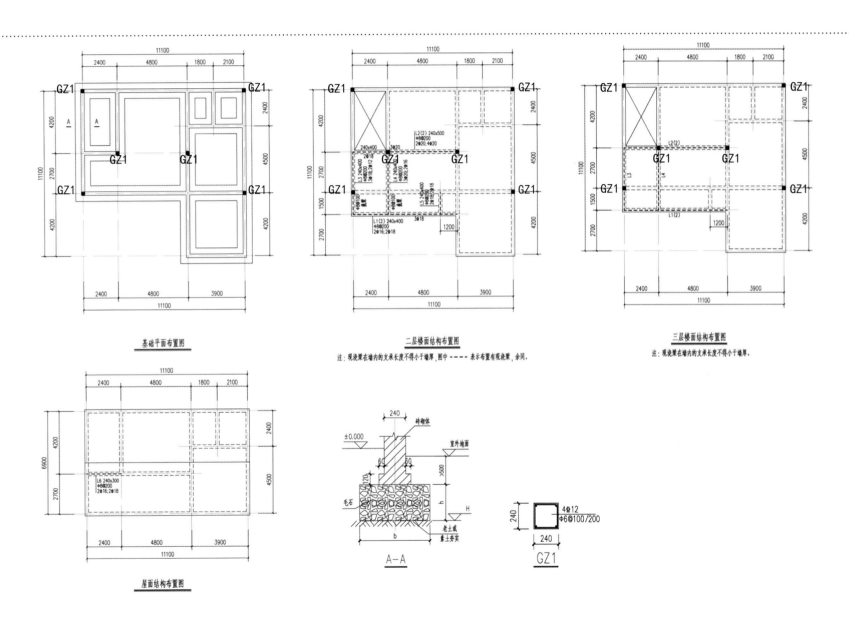

11100
2400 4800 1800 2100

GZ1   GZ1

4200

A   A

GZ1   GZ1

2700

GZ1   GZ1

4200

2400   4800   3900
11100

基础平面布置图

11100
2400 4800 1800 2100

GZ1   GZ1

4200

240×400
3Φ20

L2(2) 240×500
Φ8@200
2Φ20;4Φ20

2700

240×400
2Φ18
L3 240×400
Φ8@200
3Φ18;2Φ12

L4 240×400
Φ8@200
3Φ20;2Φ16

GZ1   GZ1

1500

Φ8@100
现浇板

Φ8@100
现浇板

L5 240×400
Φ8@200
2Φ18;2Φ18

GZ1   GZ1

2700

L1(2) 240×400
Φ8@200
2Φ16;2Φ18

1200

4200

2400   4800   3900
11100

二层楼面结构布置图

注：现浇梁在墙内的支承长度不得小于墙厚。图中 ---- 表示布置有现浇梁，余同。

11100
2400 4800 1800 2100

GZ1   GZ1

4200

L2(2)

2700

L3   L4

GZ1   GZ1

1500

GZ1   GZ1

2700

L1(2)

1200

4200

2400   4800   3900
11100

三层楼面结构布置图

注：现浇梁在墙内的支承长度不得小于墙厚。

11100
2400 4800 1800 2100

2400

4200

6900

4500

2700

L6 240×300
Φ8@200
2Φ16;2Φ18

2400   4800   3900
11100

屋面结构布置图

240
砖砌体

±0.000   室外地面

60 60

≥500

毛石   h

                            H

b   老土或
A-A   素土夯实

240   4Φ12
           Φ6@100/200

240
GZ1

49

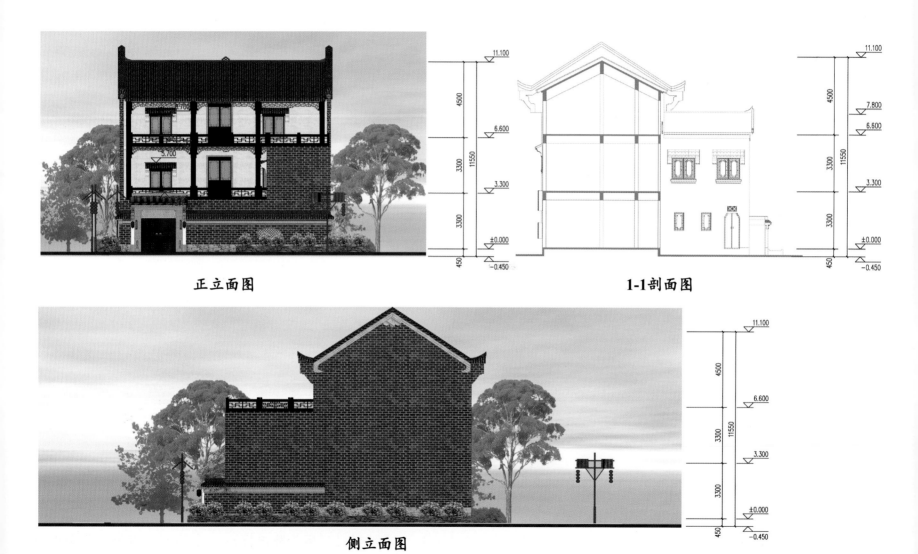

正立面图

1-1剖面图

侧立面图

细部装饰

① 墙基（摄于陈田村）

② 檐口（摄于靠山小镇）

③ 悬鱼（摄于罗家湾）

④ 墀头（摄于陈田村）

⑤ 山墙面檐口（摄于罗家湾）

⑥ 镂空窗（摄于靠山小镇）

⑦ 门框（摄于陈田村）

⑧ 窗户（摄于靠山小镇）

51

江夏区

3.1 江夏区区域环境与特色村落分布

3.1.1 区域环境

江夏区位于武汉市南部，与鄂州、咸宁相邻，位于江汉平原向鄂南丘陵过渡地段，中部为丘陵，两侧为平坦的冲积平原，西侧为鲁湖—斧头湖水系，东侧为梁子湖水系。

区内窑址众多，多沿梁子湖和斧头湖水系分布，统称为湖泗窑址群。历史村落多位于窑址遗迹旁。

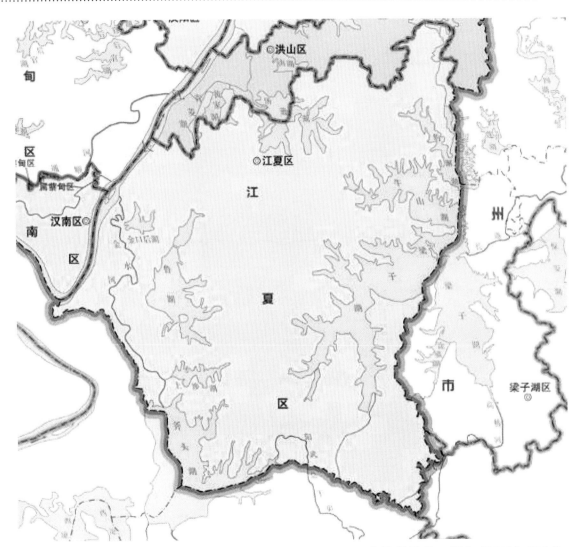

地图审图号：鄂S（2018）009号

3.1.2 特色村落分布

湖北省新农村建设示范村：

① 山坡街光星村 ② 金口街严家村

③ 流芳街二龙村 ④ 乌龙泉街四一村

⑤ 法泗街大路村 ⑥ 山坡街高峰村

武汉特色小镇：

① 金口街·鲁湖零碳小镇

武汉生态小镇：

② 郑店街·袜铺湾康养小镇

③ 五里界街·月亮湾小镇

湖北美丽乡村：

① 五里界街童周岭村 ② 法泗街东港村

武汉传统村落：

① 金口古镇 ② 乌龙泉街勤劳村

③ 乌龙泉街张师湾 ④ 湖泗街浮山村

⑤ 湖泗街夏祠村 ⑥ 山坡街大咀渔业村

⑦ 五里界街小朱湾

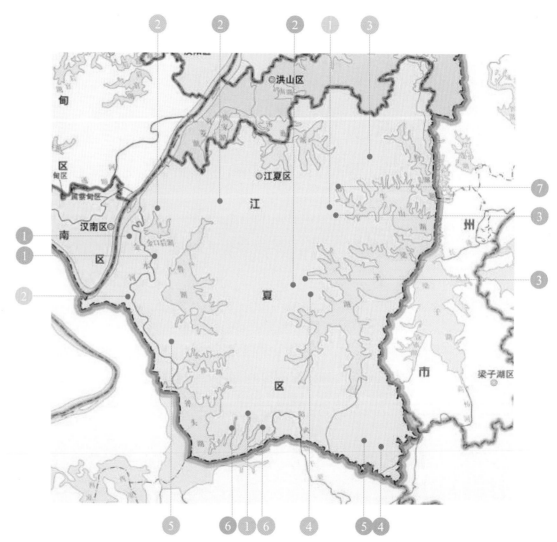

地图审图号：鄂S（2018）009号

54

3.2 江夏区村落分析

3.2.1 特色传统村落案例

1）金口古镇

中山舰幸存将士住宿旧址，由天井"回"字形院落空间、正房、厢房围合组成

金口古镇老粮仓旧址，民国建筑，砖混结构

双坡屋檐商铺建筑，位于后湾街

三义庙，位于后山街东侧，始建于明代，供奉着药王孙思邈，在当时被称为药王庙

双坡屋檐商铺建筑，位于后山街北段拐弯处，金口古镇明清风貌典型建筑

双坡屋檐砖混结构商铺建筑，位于后山街南段

2）勤劳村

石头基础，一字形砖石结构，青砖、红砖混合砌筑，窗洞上方用红砖竖向砌过梁，形成精致的装饰效果

一字形砖石结构，青砖砌筑，正面采用立门，窗洞外围粉饰成白色，无腰线，有水泥踢脚线，檐口部分未施彩画或粉饰

石头基础，一字形联排砖石结构，青砖砌筑，正面采用立门，窗洞上用青砖竖向砌过梁，腰线较低，转角处有墙角石，檐口刷成白色

石头基础，一字形砖石结构，青砖和夯土混合砌筑，腰线较低，转角处有墙角石，檐口刷成白色

石头基础，一字形砖石结构，红砖砌筑，腰线较高并用卵石砌筑，转角处有墙角石，檐口刷成白色

3）张师湾

石头基础，一字形砖石结构，青砖、红砖混合砌筑，檐口部分有精致的彩画，山墙面上部用红砖砌筑，装饰效果极佳

石头基础，一字形砖石结构，红砖砌筑，窗洞上方用木条做过梁

石头基础，一字形砖石结构，青砖砌筑，屋顶为悬山顶

立门的脱卸石下有横向的砖

历史较久的建筑，用精美木雕装饰

驸马府的旧址，建筑主体为石头基础，一字形砖石结构，青砖砌筑，正面采用立门，窗洞上用青砖竖向砌过梁，腰线较低，转角处有墙角石，檐口未粉饰，入口处有抱鼓石

4）夏祠村

天井式双坡顶砖木结构建筑

立门

天井

一字形双坡顶砖木结构建筑

一字形双坡顶砖木结构建筑

一字形双坡顶砖木结构建筑

5）浮山村

浮山村古窑址

浮山村古桥

浮山村古屋

天井式双坡顶砖木结构建筑

一字形双坡顶砖木结构建筑

6）大咀渔业村

五联排内槽天井院落老宅，青砖砌筑，灰瓦屋顶，墙面上端用白色抹灰装饰

内槽天井院落老宅，砖木结构，青砖、红砖、土砖混合砌筑

一进式天井院落民居，砖混结构，青砖砌筑，立面上端部分用白色抹灰装饰

三联排内槽三进式老宅，砖木结构，青砖砌筑，天井院落，首进屋顶侧脊升起，檐口叠涩装饰

三联排内槽三进式老宅侧立面，立面用青砖、红砖混合砌筑

三联排内槽三进式老宅内部，两层阁楼，木构门窗

60

3.2.2 特色改造村落案例：小朱湾

加建新的建筑，增加连廊和顶棚，形成院落空间

原有的建筑主体部分通过粉刷真石漆和使用其他材料点缀
来翻新

翻新立面，并在房前增添藤架等构筑物，丰富院落空间
层次

加建新的顶棚和廊架，形成错落有致的建筑空间

在外立面加建青砖的拱券样式，用现代的手法来丰富立面
形象

在L形的建筑体块中重新塑造庭院空间，使得原来的区域
重新焕发活力

3.3 江夏区建筑细部

3.3.1 特色建筑

A型传统民居：三联排青砖砌筑砖木结构

建筑为双坡顶砖木结构，檐口部分由砖叠涩出挑，建筑内凹为传统槽门样式；立面采用三段式划分，踢脚线较低，采用青砖加石灰砌筑；门框为石材质，上有铭文，窗洞用石条砌筑并抹灰。

中部为青砖，用白石灰砌筑

门框为石材质，门板为木门，前置两个石台

正立面有槽门

墀头由砖叠涩出挑，呈现卷杀状

勤劳村

B型传统民居：一进式天井砖木结构

　　建筑为双坡顶砖木结构，平面为一进式天井空间。屋顶砌有马头墙，檐口有彩绘；建筑正立面为传统槽门样式；立面采用三段式划分，腰线较高，采用不同砌筑方式，用青砖加黄石灰砌筑；门框为石材质，门楣上有匾额。

马头墙装饰

立面下部用大块石材砌筑

屋脊无装饰

门框为石材质，门板为木门，前置两个石台

浮山村

63

3.3.2 屋顶

屋顶

原型村落案例：金口古镇 。

建筑为双坡屋檐。屋脊正脊无装饰，有的用水泥压顶，有的用砖平铺，有的末端形成起翘；侧脊无压边。屋顶用黑布瓦铺设，夹杂着少许红瓦。

每层檐口两端由青砖叠涩出墀头，有的刷一层白色涂料，在其上叠涩一层砖，用来承托屋檐。

檐口

3.3.3 墙体

原型村落案例：勤劳村、张师湾、夏祠村、浮山村。

正立面：墙身采用两段式或三段式划分，腰线有高、低两种样式。墙身下部材料有青砖、水泥石块、水泥砂浆、大块石材等，上部材料有红砖、土砖、青砖等，三段式檐口处涂以白色抹灰或绘以彩绘。

侧立面：多延续正立面材料，部分采用上述更便宜的材料砌筑。

正立面

侧立面

改建村落案例：小朱湾。

正立面：墙身采用两段式或三段式划分，部分有低腰线。改造后的墙身材料有红砖、压制砖、石块、真实漆等。

改造策略：在真石漆喷涂墙面的基础上，有的墙身使用压制砖和红砖砌筑，有的使用石头来砌筑，有的加建外廊。

正立面

侧立面

3.3.4 门窗

当地门框多为石质门框，门
扇为木质门，立门由天铺、地铺、
脱卸石、壁石等组成。

天铺

脱卸石

地铺

3.4 江夏区改造建筑标准图集

3.4.1 方案一：两层一字形户型（临街型）

改造前

改造后

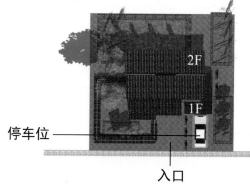

总平面图

层数：两层　　　　　建筑面积：123平方米

基底面积：61平方米　　户型：两室两厅一院

改造方案预估造价：3.69万元

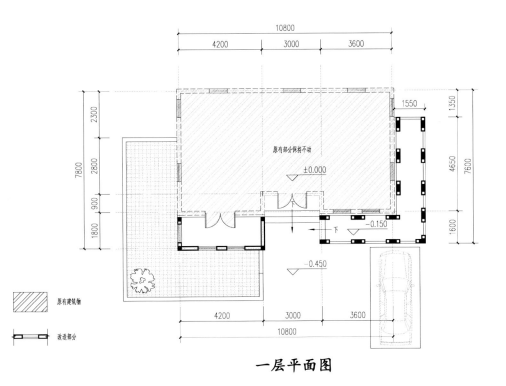

原有建筑物

改造部分

一层平面图

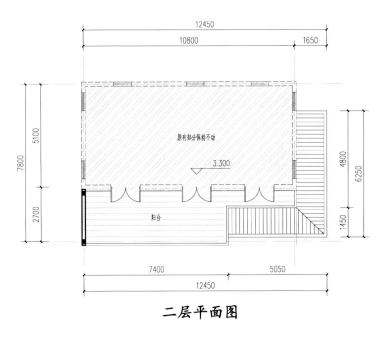

二层平面图

侧立面图

正立面图

细部装饰

① 屋脊装饰（摄于小朱湾）

② 檐口（摄于勤劳村）

③ 双坡屋檐（摄于金口古镇）

④ 槽门（摄于勤劳村）

⑤ 墙角石（摄于勤劳村）

⑥ 窗户（摄于小朱湾）

⑦ 景墙（摄于小朱湾）

⑧ 石材墙身（摄于新窑村）

3.4.2　方案二：一字形户型（临街型）

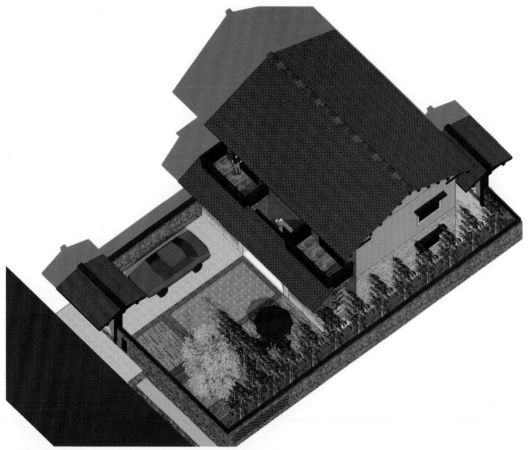

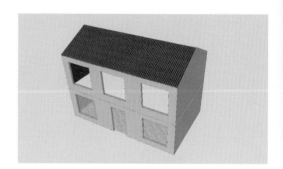

改造前

总平面图

2F

1F

入口

庭院

停车位

层数：两层　　　　　　建筑面积：150平方米

基底面积：75.7 平方米　　户型：三室两厅一厨一卫

改造方案预估造价：3.75万元

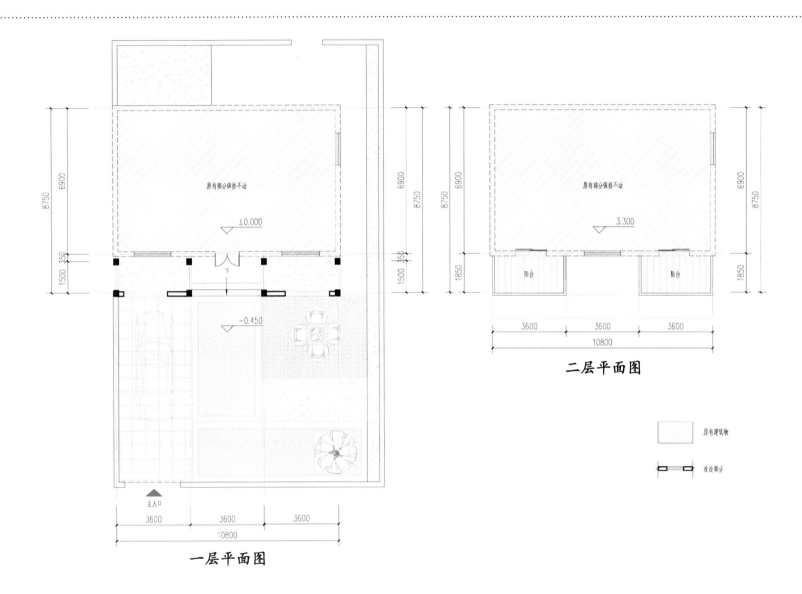

原有部分保持不动

±0.000

−0.450

主入口

3600　3600　3600

10800

6900

8750

1500　350

一层平面图

原有部分保持不动

3.300

阳台　　阳台

3600　3600　3600

10800

6900

8750

1500　350

1850

二层平面图

原有建筑物

改造部分

73

正立面图

侧立面图

细部装饰

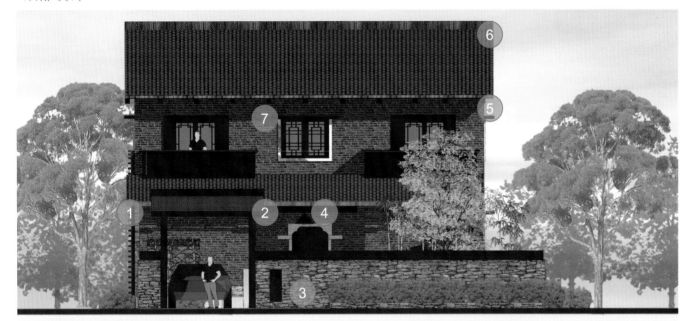

① 檐口（摄于张师湾）

② 槽门（摄于张师湾）

③ 墙角石（摄于勤劳村）

④ 立门（摄于张师湾）

⑤ 山墙面（摄于勤劳村）

⑥ 悬山顶（摄于张师湾）

⑦ 窗户（摄于张师湾）

3.5 江夏区新建建筑标准图集

3.5.1 方案一：天井合院户型（临街型）

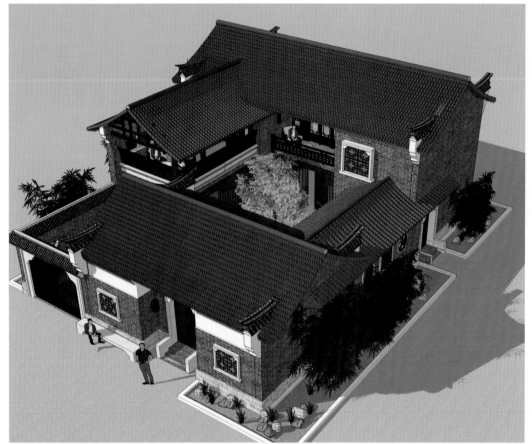

效果图

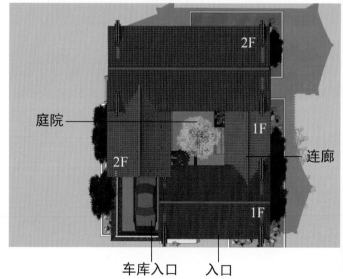

庭院

2F

1F

连廊

2F

1F

车库入口　　　入口

总平面图

层数：两层　　　　　　　建筑面积：196平方米

基底面积：156平方米　　户型：三室两厅两院

方案预估造价：19.6万元

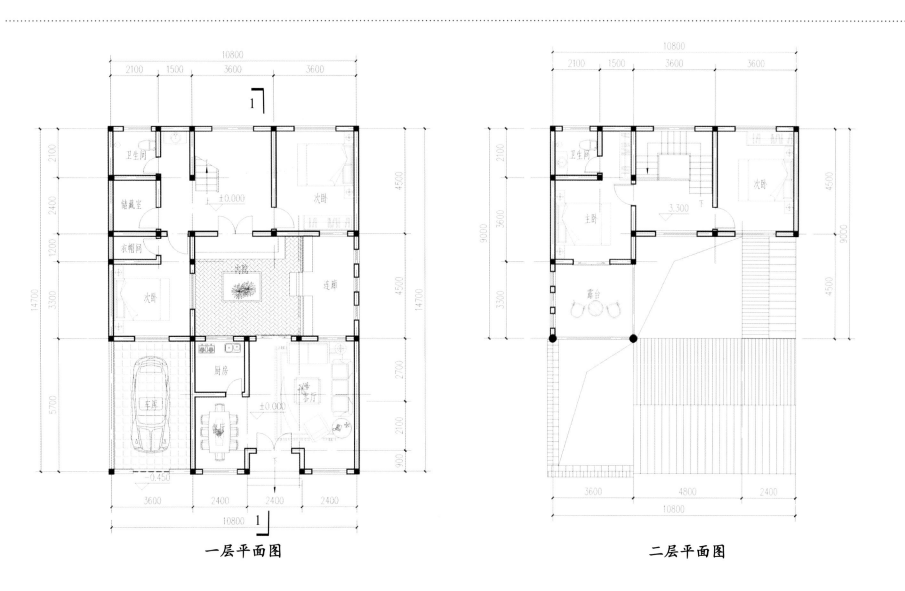

一层平面图

二层平面图

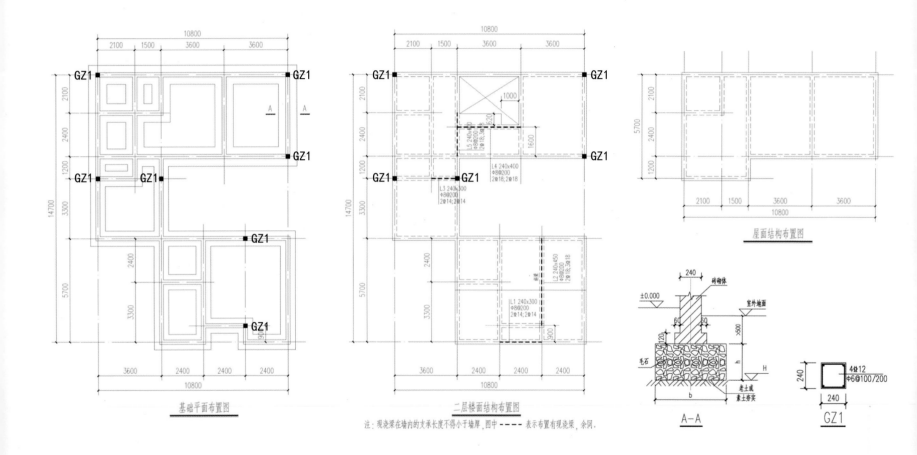

基础平面布置图

二层楼面结构布置图

注: 现浇梁在墙内的支承长度不得小于墙厚,图中 ▬▬▬ 表示布置有现浇梁,余同。

屋面结构布置图

A-A

GZ1

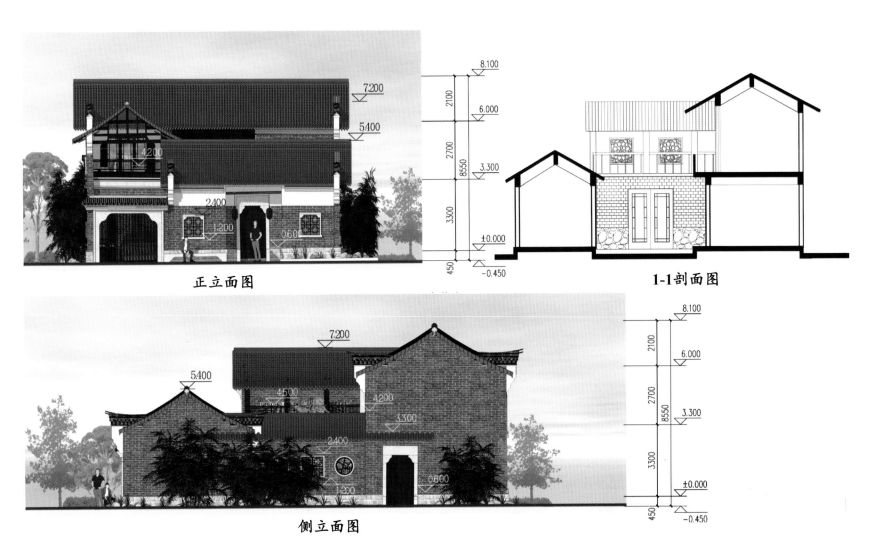

正立面图

1-1剖面图

侧立面图

细部装饰

① 槽门（摄于浮山村）

② 门洞（摄于浮山村）　③ 天井院（摄于大屋戈湾）

④ 檐口（摄于浮山村）

⑤ 山墙披檐（摄于浮山村）

⑥ 阳台（摄于小朱湾）

⑦ 立面石基（摄于浮山村）

3.5.2 方案二：天井合院户型（非临街型）

效果图

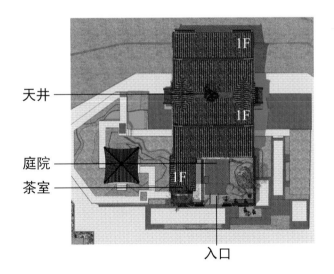

天井

庭院

茶室

入口

总平面图

层数：一层　　　　　　建筑面积：115平方米

基底面积：115平方米　　户型：三室三厅

方案预估造价：9.2万元

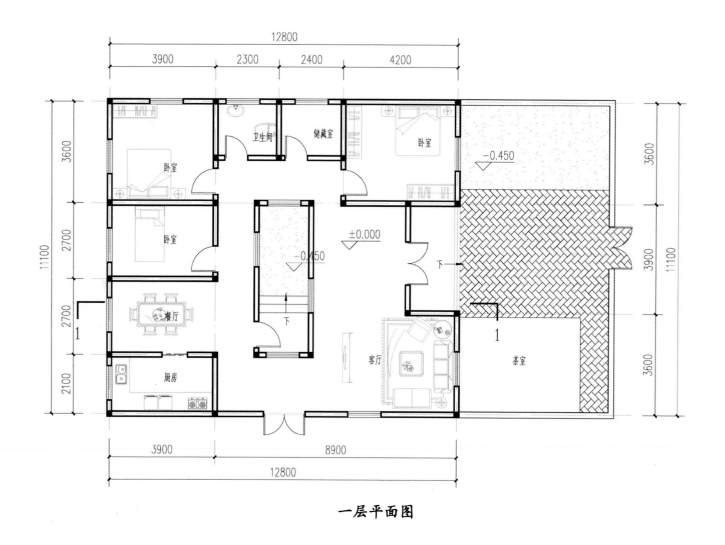

一层平面图

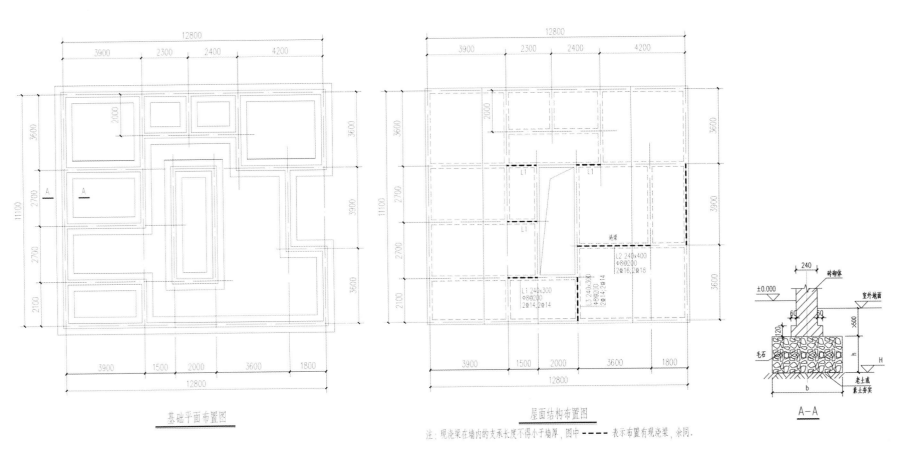

基础平面布置图

屋面结构布置图

注：现浇梁在墙内的支承长度不得小于墙厚，图中 ▬▬▬ 表示布置有现浇梁，余同。

A-A

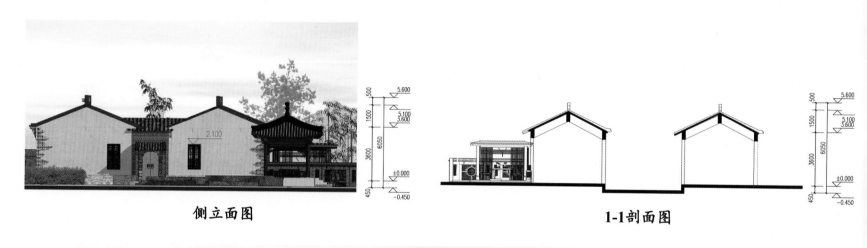

侧立面图

1-1剖面图

正立面图

细部装饰

1 槽门（摄于勤劳村）

2 屋脊（摄于小朱湾）

3 景墙（摄于小朱湾）

4 墀头（摄于勤劳村）

5 立面（摄于张师湾）

6 亭榭（摄于小朱湾）

3.5.3 方案三：天井合院户型（非临街型）

效果图

书房，工作室

连廊

庭院

入口

总平面图

层数：两层　　　　　　建筑面积：177平方米

基底面积：112平方米　　户型：三室两厅一院

方案预估造价：15.93万元

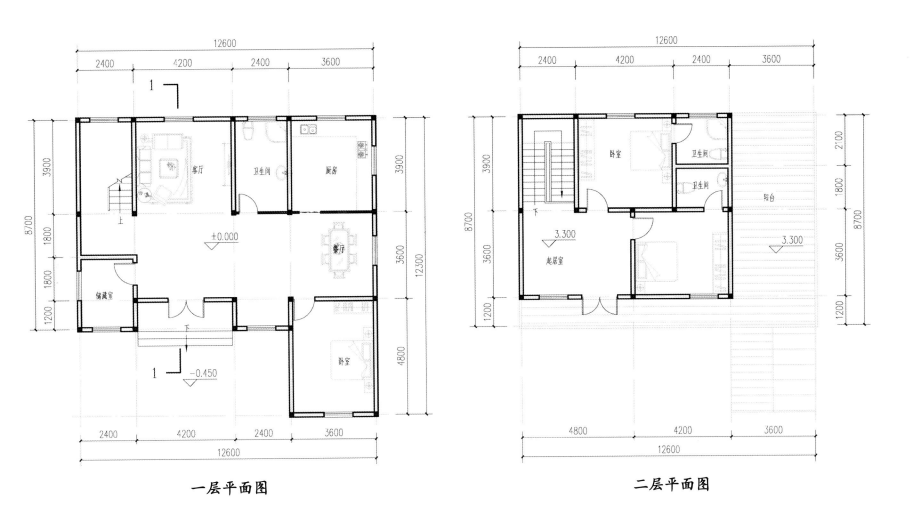

一层平面图

二层平面图

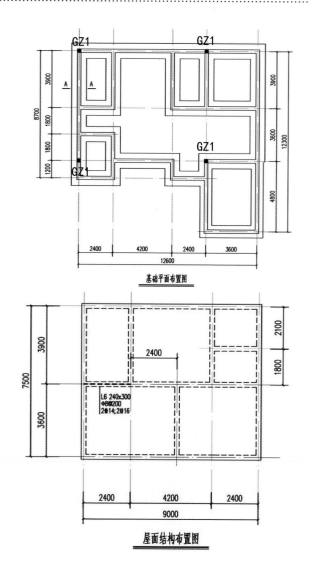

基础平面布置图

屋面结构布置图

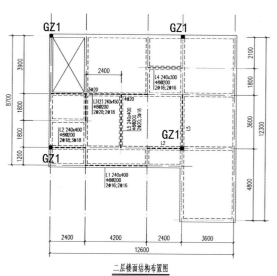

二层楼面结构布置图

注：现浇梁在墙内的支承长度不得小于墙厚，图中 ---- 表示布置有现浇梁，余同。

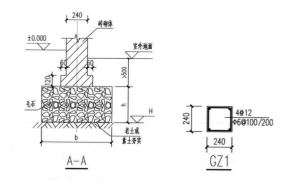

A—A

GZ1

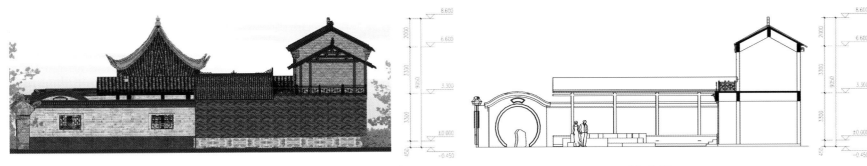

側立面图　　　　　　　　　　　　　　　1-1剖面图

正立面图

细部装饰

① 槽门（摄于勤劳村）

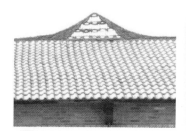

② 屋脊（摄于小朱湾）

③ 顶棚（摄于小朱湾）

④ 景墙（摄于小朱湾）

⑤ 连廊（摄于小朱湾）

⑥ 窗户（摄于小朱湾）

90

3.5.4　方案四：一字形槽门户型（非临街型）

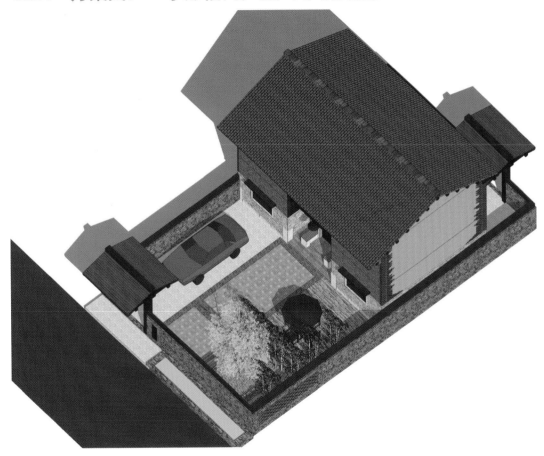

效果图

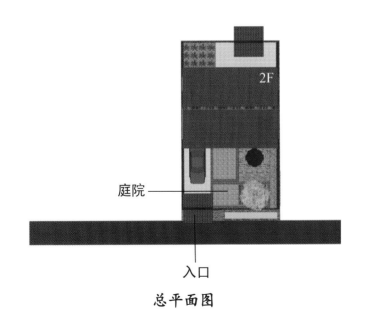

庭院

入口

总平面图

层数：两层　　　　　建筑面积：127平方米

基底面积：71平方米　　户型：两室两厅一厨一卫

方案预估造价：11.43万元

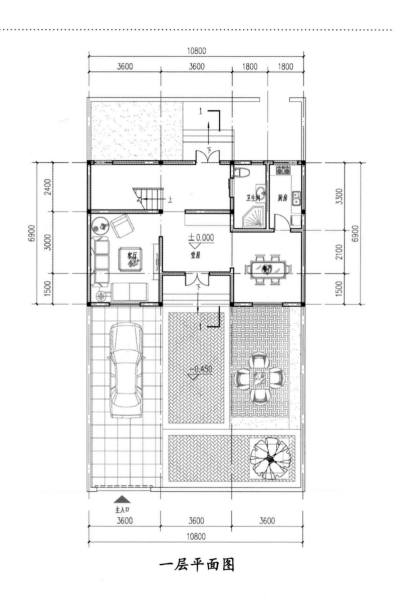

一层平面图

二层平面图

拼接户型示意图

注：此方案为可以多拼的户型，将独栋的平面
户型沿轴线进行镜像对称，即得到拼接后的户型。

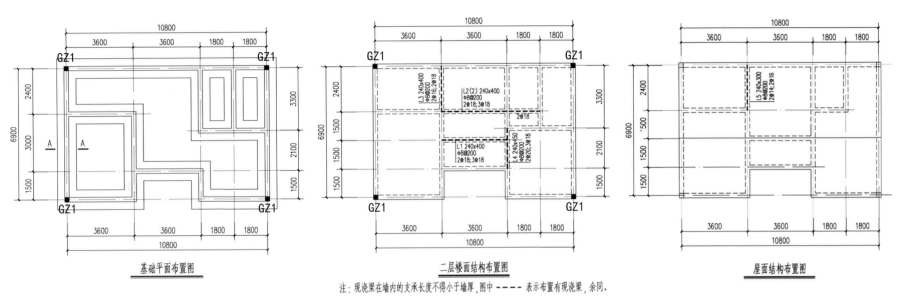

基础平面布置图

二层楼面结构布置图

屋面结构布置图

注：现浇梁在墙内的支承长度不得小于墙厚，图中 ---- 表示布置有现浇梁，余同。

A-A

GZ1

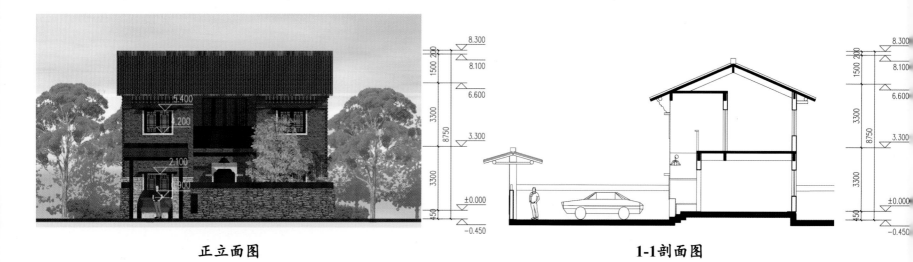

正立面图

1-1剖面图

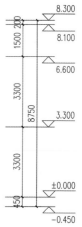

侧立面图

细部装饰

① 檐口（摄于张师湾）

② 槽门（摄于张师湾）

③ 墙角石（摄于勤劳村）

④ 山墙（摄于勤劳村）

⑤ 悬山顶（摄于张师湾）

⑥ 窗（摄于张师湾）

95

4

黄陂区

4.1 黄陂区区域环境与特色村落分布

4.1.1 区域环境

黄陂区位于湖北省东部偏北、武汉市北部，区域总面积约2261平方公里。

黄陂区位于长江中游，大别山南麓，地势北高南低，为江汉平原与鄂东北低山丘陵接合部。

黄陂区水资源丰富，拥有"百库千渠万塘"之称，有长江、滠水等31条河流，以及武湖、后湖等35个湖泊。

黄陂区属亚热带季风气候，雨量充沛，光照充足，热量丰富，四季分明，年均无霜期255天，年均日照时数1917.4小时，年均降水量1202毫米，为中南地区降水量较均衡的地区。

地图审图号：鄂S（2018）009号

4.1.2　特色村落分布

中国历史文化名村：

① 木兰乡大余湾

湖北省历史文化名村：

② 蔡榨街蔡官田村

武汉市历史文化名村：

③ 王家河街汪西湾　④ 王家河街罗家岗村

⑤ 王家河街文兹湾　⑥ 罗汉寺街邱皮村

⑦ 长轩岭街张家湾　⑧ 长轩岭街谢家院子

⑨ 王家河街翁杨冲

湖北省新农村建设示范村：

① 蔡店街刘家山村　② 前川街油岗村

③ 武湖街高车村　④ 长轩岭街官田村

⑤ 天河街红湖村　⑥ 天河街珍珠村

⑦ 前川街雷段村　⑧ 祁家湾街送店村

⑨ 蔡店街道士冲村

武汉生态小镇：

① 王家河街·银杏山庄

② 木兰乡·大余湾明清风情小镇

湖北美丽乡村：

① 蔡榨街杨家石桥村　② 木兰乡芦子河村

③ 罗汉寺街皇庙村　④ 前川街火庙村

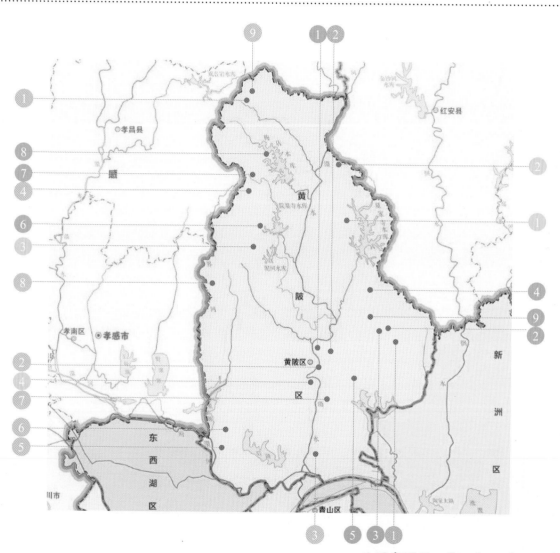

地图审图号：鄂S（2018）009号

4.2 黄陂区村落分析

4.2.1 特色传统村落案例

1）大余湾

大余湾街景，石砌的墙壁和高高升起的兽头

山墙面也用翘起的兽头装饰，形成优美的曲线

戏台坐落在小广场的一侧

大余湾最气派的街道，两侧是久负盛名的大宅

转角的小房子坐落在高高的基座上，小巧而精致

建于清代乾隆年间的百子堂，曾占地一万平方米，有房屋100余间，多已损毁，这是其中幸存的一栋

2）汪西湾

高大的灰色石砌山墙，两个方形窗户和砖拱过梁

石砌围墙中央有一座拱门

一字形的民宅

门头上布满浮雕

细高的门头夹在高高的墀头之间

大块石砌筑的墙壁和立门

古老的教堂

3）文兹湾

文兹湾李氏三兄弟住宅，由三栋相同的独立房屋并联起来，面阔一共9间

山墙和兽头形成一条连续起翘的天际线

连续的弧线山墙，石砌的墙面、白色的描边和绘制的悬鱼

三合院的正立面，左右对称，两侧立起，中间平直

街边无人居住的老房子

房屋周边和院子里的绿树，与石砌的墙面交相映衬

4.2.2 特色改造村落案例

1）龚家大垮

在原有建筑前加建院墙，形成院落空间，丰富空间层次

原有的建筑主体分层部位粉刷深色真石漆后与白色墙面形成对比

翻新立面，并在院落中增添藤架等构筑物，丰富了院落空间层次

龚家祠堂位于村落的重要位置，主体为合院形式

院墙上用传统材料如砖瓦、陶罐搭建花窗，增强建筑的艺术表现力

建筑山墙和中部加建墀头和深色的筒板瓦、滴水，与白色墙面形成强烈的对比

2）杜堂村葛家湾

一字形联排平面布置形式，立面主要是砖材质

精心设计的舒适院落空间

在原有建筑前加建院墙，组成院落空间，丰富空间层次

采用铁质花窗形式，加强建筑的艺术表现力

在院落中增添藤架等构筑物以及植物景观，丰富了院落空间层次

原有的建筑主体部分通过粉刷黄色涂料和加深门、窗的框线条来翻新

4.2.3 特色新建村落案例：大余湾还建村

联排式别墅，用白色涂料抹面，灰瓦屋顶，山墙面贴青砖

每户独门独院，山墙高出屋面，采用黄陂特色墀头

户型有两层和三层，屋顶错落有致

每户都有小阳台，满足村民日常晾晒需求

每户有独立院落，院墙为瓷砖材质以及镂空花窗样式

新建村落的景观轴线仍在建设中

4.3 黄陂区建筑细部

4.3.1 特色建筑

建筑为砖木结构，檐口部分由砖叠涩出挑，建筑内凹为传统槽门样式，墙面采用当地石材，门框为石材质，窗洞由石条砌筑并抹灰。

门框由六块石头组成，且不做兽头

石框窗户，木质窗扇

侧脊有兽尾样式

墀头上有较为简单的彩画

汪西湾

建筑为双坡顶砖木结构，平面为一进式天井空间。屋顶砌有马头墙，檐口有彩绘。建筑正立面为传统槽门样式且不做窗户。墙面采用大块条石砌成，石面上琢有细致入微的滴水线。门框为石材质，门楣上有彩画。

滴水线石材

立面下部用大块石材砌筑

檐口样式以及檐口彩画

墀头上绘制彩画

大余湾

4.3.2 屋顶

屋脊

原型村落案例：蔡官田村。

屋脊正脊以瓦平铺搭接，用水泥和砖砌成微微上翘的端部。侧脊直接用瓦片盖出山墙面，形成出挑。由出际可看出，屋顶用木材搭接形成构架。

檐口用砖砌筑，以叠涩形式出挑，承托屋檐。叠涩部分分层，用白色涂料抹面，滴水弦子用瓦片正反相接砌筑，拼接成莲花瓣形的装饰构建，加强建筑的艺术效果。

檐口

改建村落案例：龚家大垮。

　　屋脊做成马头墙的形式。山墙端部做兽头且突出于屋面之上；山墙上部用砖砌筑，下面刷白色涂料，上面刷黑色涂料。

　　檐口有的用砖叠出，然后用水泥砂浆抹面，再涂上白色涂料，有的在檐口下部绘制各种花纹彩画，作为装饰。

屋脊

檐口

4.3.3 墙体

保留原始材质与质感

改建村落案例：杜堂村葛家湾。

立面改造主要分为两种。

保留原始砖墙墙面的质感，仅修复部分。墙体多为砖石混合墙，勒脚用石材砌筑或用水泥抹面，上部为砖墙。窗洞周围用水泥和白色涂料做成窗套，使用深色的金属窗框代替木质窗框，但基本保持原有的建筑风貌。

墙面主体用涂料涂刷，屋角直接起翘，侧立面用涂料绘出湖北民居特有的结构，有的侧面则绘制了山水画。

立面抹灰

4.4 黄陂区改造建筑标准图集

4.4.1 方案一：大进深、小面宽的前后两院式住宅（非临街型）

改造前

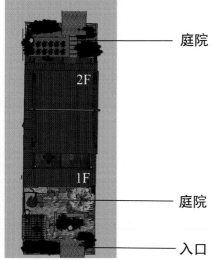

庭院

2F

1F

庭院

入口

总平面图

层数：两层 　　　　　建筑面积：198平方米

基底面积：120平方米 　　户型：两室两厅两院

改造方案预估造价：5.94万元

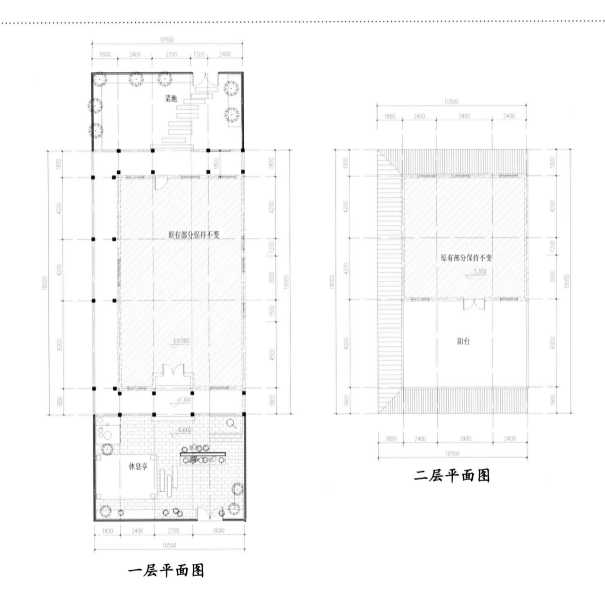

10500
1800 2400 2700 1200 2400

菜地

1800 1800

4200 4200

原有部分保持不变

1800 1200

4800 3000

18000 18000

±0.000

1500

6000 4800

-0.300

-0.600

休息亭

1800

1800 2400 2700 3600
10500

一层平面图

10500
1800 2400 3900 2400

1800 1800

4200 4200

原有部分保持不变
3.300

18000 18000

4200 3000

6000 6000

阳台

1800 1800

1800 2400 3900 2400
10500

二层平面图

111

正立面图

侧立面图

细部装饰

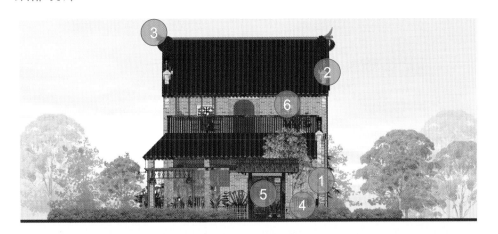

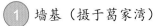

① 墙基（摄于葛家湾）

② 墀头（摄于蔡官田村）

③ 龙尾（摄于文兹湾）

④ 竹篱墙（摄于葛家湾）

⑤ 门框（摄于大屋畈村）

⑥ 窗户（摄于文兹湾）

4.4.2 方案二：小进深、大面宽的前后两院式住宅（非临街型）

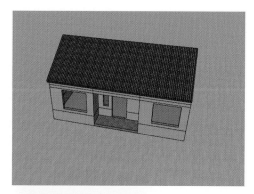

改造前

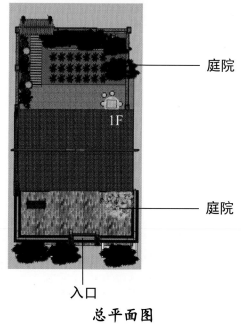

庭院

1F

庭院

入口

总平面图

层数：一层　　　　　建筑面积：107平方米

基底面积：107平方米　　户型：两室一厅两院

改造方案预估造价：2.14万元

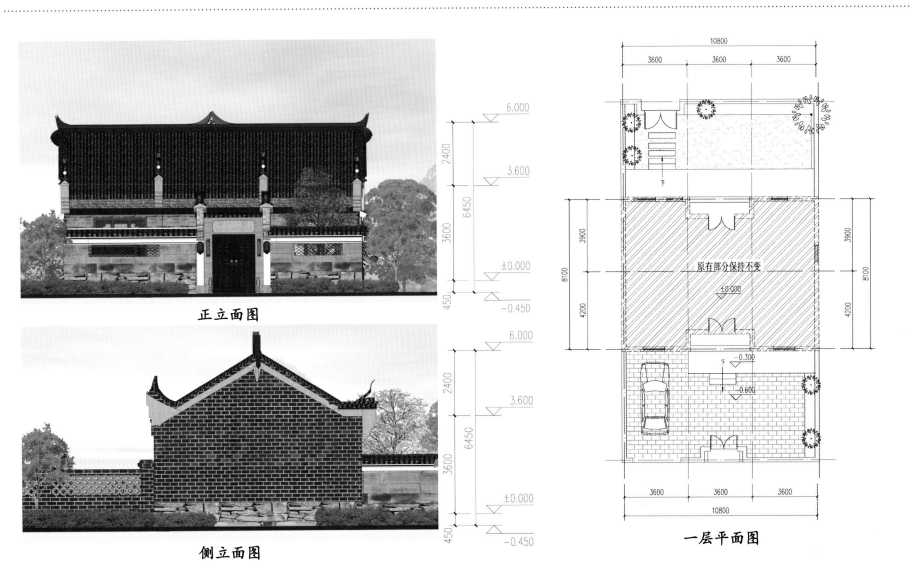

正立面图

侧立面图

一层平面图

原有部分保持不变

115

细部装饰

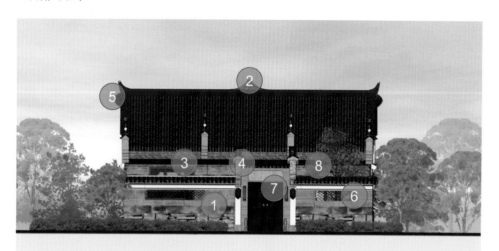

①墙基（摄于大余湾）　②屋脊（摄于文兹湾）

③檐口（摄于蔡官田村）　④墀头（摄于蔡官田村）

⑤龙尾（摄于文兹湾）　⑥围墙（摄于龚家大塆）　⑦门框（摄于大屋畈村）　⑧窗户（摄于文兹湾）

116

4.5 黄陂区新建建筑标准图集

4.5.1 方案一：合院户型（非临街型）

效果图

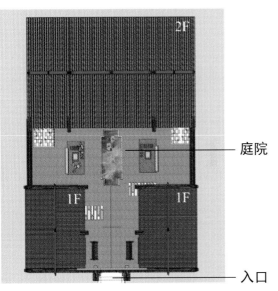

庭院

入口

总平面图

层数：两层　　　　　建筑面积：220平方米

基底面积：136平方米　　户型：四室两厅两卫

方案预估造价：17.6万元

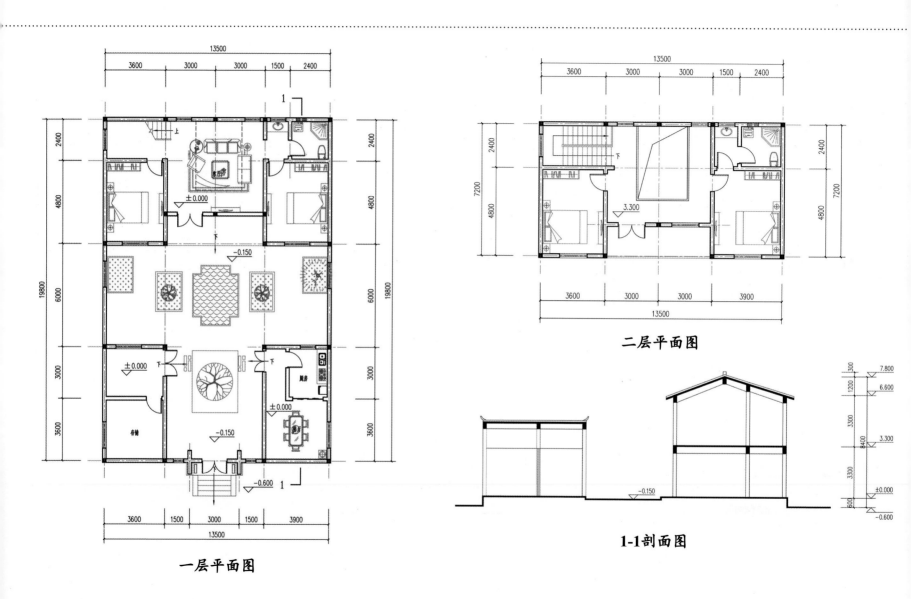

一层平面图

二层平面图

1-1剖面图

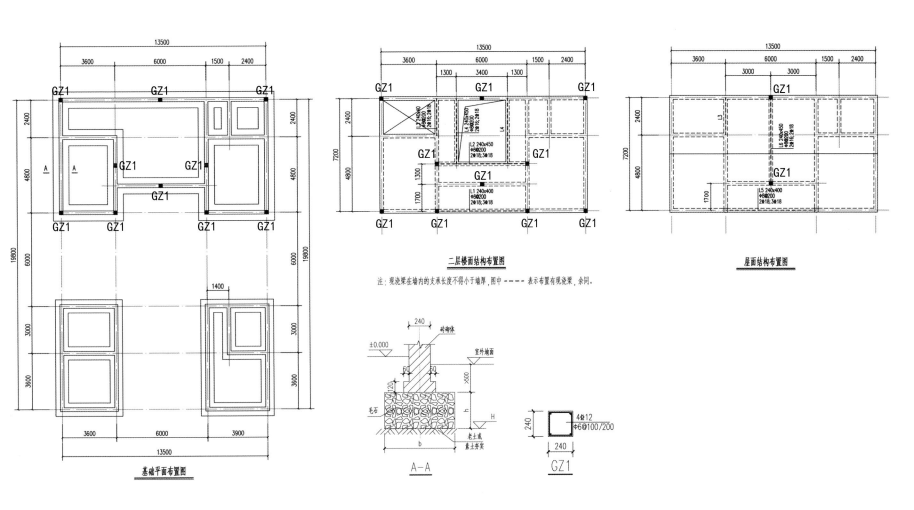

基础平面布置图

二层楼面结构布置图

注：现浇梁在墙内的支承长度不得小于墙厚，图中 ---- 表示布置有现浇梁，余同。

屋面结构布置图

A—A

GZ1

119

正立面图

侧立面图

细部装饰

① 门（摄于大余湾）

② 窗户（摄于文兹湾）

③ 立面（摄于文兹湾）

④ 墙基（摄于文兹湾）

⑤ 墀头（摄于文兹湾）

⑥ 屋脊（摄于大余湾）

⑦ 兽头（摄于文兹湾）

⑧ 檐口（摄于汪西湾）

4.5.2　方案二：独栋户型（非临街型）

效果图

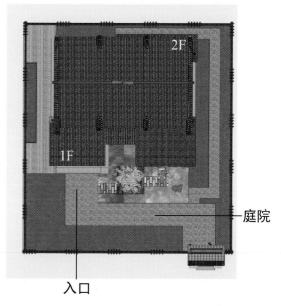

总平面图

层数：两层　　　　　　建筑面积：174平方米

基底面积：94平方米　　户型：两室两厅两卫

方案预估造价：13.92万元

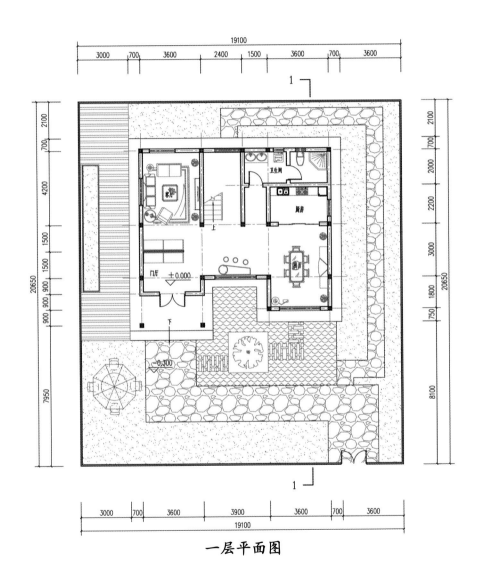

一层平面图

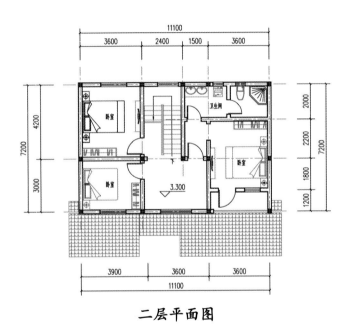

二层平面图

123

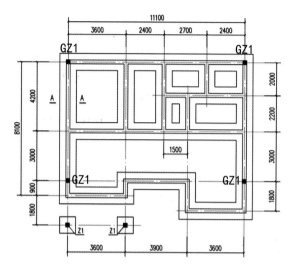

基础平面布置图

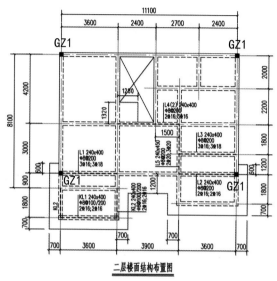

二层楼面结构布置图

注：现浇梁在墙内的支承长度不得小于墙厚，图中 ---- 表示布置有现浇梁，余同。

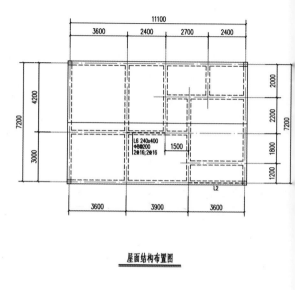

屋面结构布置图

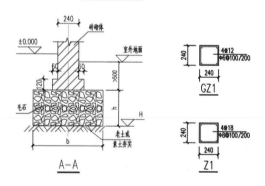

A—A

GZ1

Z1

正立面图

侧立面图

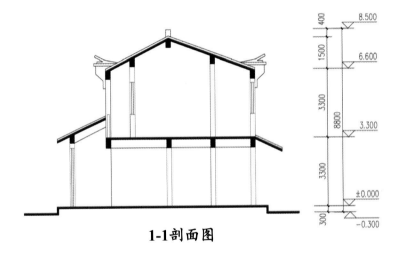

1-1剖面图

细部装饰

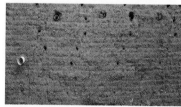

① 院门（摄于葛家湾）

② 窗户（摄于葛家湾）

③ 立面（摄于葛家湾）

④ 檐口（摄于葛家湾）

⑤ 屋脊（摄于葛家湾）

⑥ 屋顶（摄于葛家湾）

⑦ 兽头（摄于泥人王村）

⑧ 篱笆（摄于葛家湾）

细部装饰

① 门（摄于大余湾）

② 窗户（摄于文兹湾）

③ 立面（摄于文兹湾）

④ 墙面（摄于龚家大塆）

⑤ 屋顶花园（摄于大余湾）

⑥ 屋脊（摄于大余湾）

⑦ 兽头（摄于文兹湾）

⑧ 檐口（摄于蔡官田村）

131

4.5.4 方案四：三层窄面宽户型（可双拼、非临街型）

效果图

入口—

入口—

总平面图

层数：三层　　　　　　建筑面积：214平方米

基底面积：82平方米　　户型：三室两厅三卫

方案预估造价：19.26万元

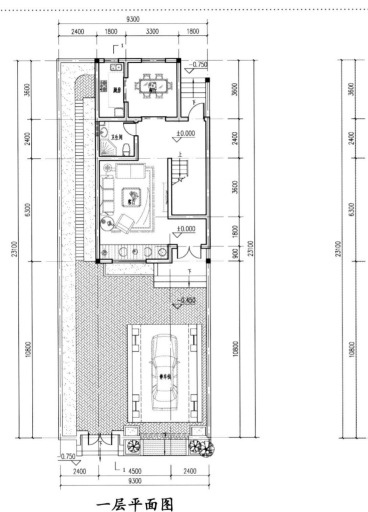

一层平面图

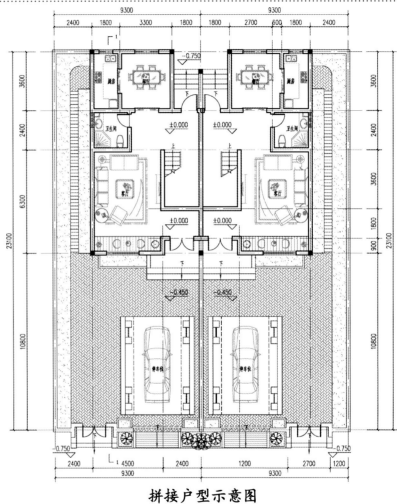

拼接户型示意图

注：此方案为可以双拼的户型，将独栋的平面户型
沿左侧轴线进行镜像对称，即得到拼接后的户型。

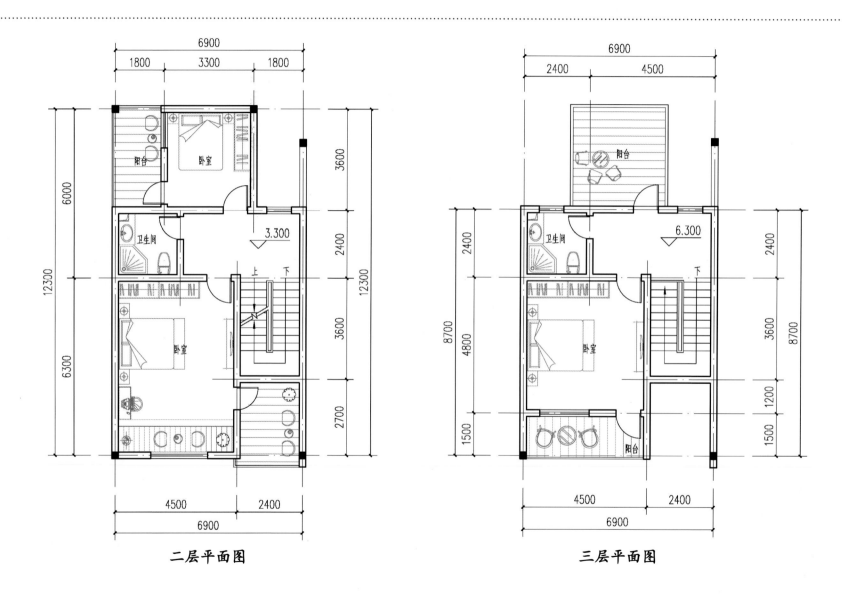

二层平面图 三层平面图

134

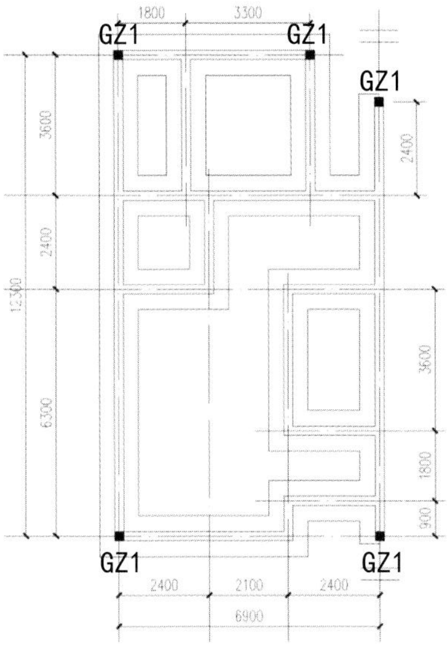

基础平面布置图

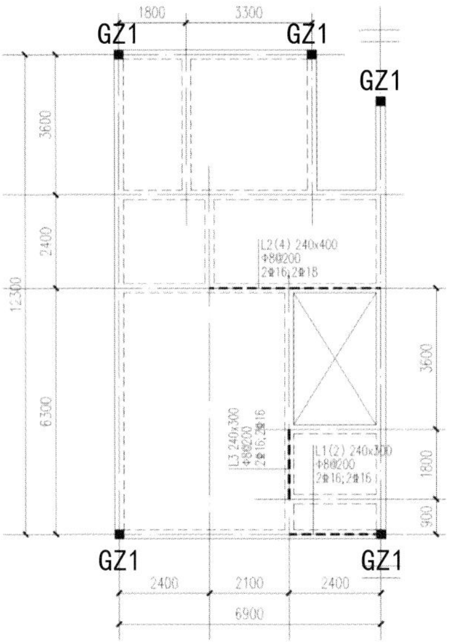

GZ1　GZ1　GZ1
1800　3300
3600
2400
12300
6300
2400
1800
900
GZ1　GZ1
2400　2100　2400
6900

二层楼面结构布置图

GZ1　GZ1　GZ1
1800　3300
3600
2400
12300
L2(4) 240×400
φ8@200
2φ16,2φ18
6300
3600
L3 240×300
φ8@200
2φ16,2φ16
L1(2) 240×300
φ8@200
2φ16,2φ16,1
1800
900
GZ1　GZ1
2400　2100　2400
6900

三层楼面结构布置图

GZ1　GZ1
1800　3300
3600
2400
12300
L5(2) 240×400
φ8@200
2φ16,2φ18
6300
3600
L4 240×400
φ8@200
2φ18,4φ18
1500
2700
GZ1　GZ1
2400　2100　2400
6900

屋面结构布置图

GZ1
2400
8700
6300
L5(2)
L6 240×400
φ8@200
2φ18,3φ18
1500
2700
GZ1
2400　2100　2400
6900

注：现浇梁在墙内的支承长度不得小于墙厚，图中 ━━━━ 表示布置有现浇梁，余同。

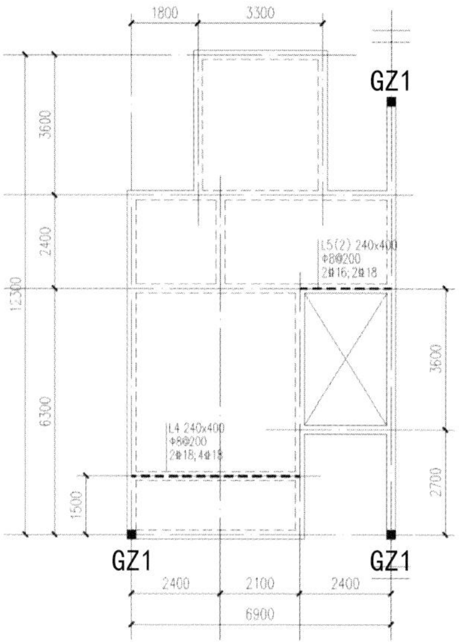

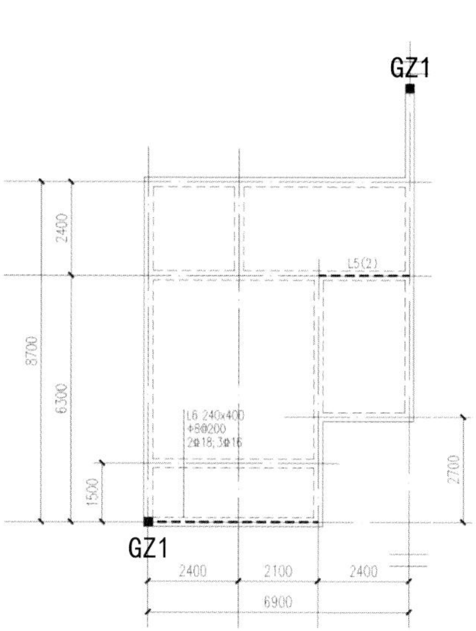

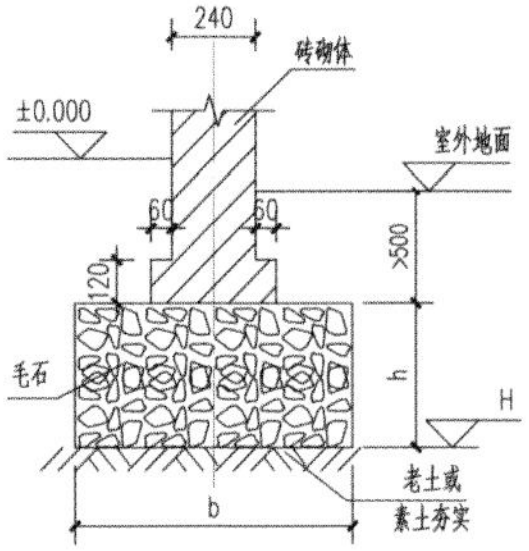

A—A

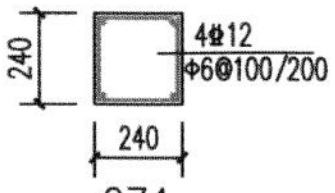

±0.000
240
砖砌体
室外地面
60　60
>500
120
毛石
h
H
b
老土或
素土夯实

GZ1
240
240
4φ12
φ6@100/200

135

正立面图

1-1剖面图

侧立面图

细部装饰

① 院门（摄于龚家大塆）

② 院墙（摄于龚家大塆）

③ 墙面（摄于罗家岗村）

④ 窗户（摄于罗家岗村）

⑤ 檐口（摄于罗家岗村）

⑥ 山墙（摄于罗家岗村）

⑦ 兽头（摄于罗家岗村）

⑧ 彩画（摄于大余湾）

5

蔡甸区

5.1 蔡甸区区域环境与特色村落分布

5.1.1 区域环境

蔡甸区位于湖北省东部，武汉市西南部，地处汉江与长江汇流的三角地带，北傍汉江，东濒长江。区域总面积1093.57平方公里，地势由中部向南北逐减降低，中部为丘陵冈地，北部为平原。

蔡甸区水资源丰富，河汊纵横，有长江和汉江穿过；湖泊星罗棋布，有大小湖泊57个。

蔡甸区气候属北亚热带季风性气候，气温略偏高，降水略偏少，日照偏少。

地图审图号：鄂S（2018）009号

5.1.2 特色村落分布

湖北省新农村建设示范村：

① 奓山街星光村　② 永安街炉房村

③ 奓山街大东村　④ 蔡甸街西屋台村

⑤ 大集街大集村　⑥ 蔡甸街姚家林村

武汉特色小镇：

① 索河街·莲乡水镇

② 玉贤街·园艺小镇

武汉生态小镇：

③ 张湾街·上善美术小镇

④ 景绿网红小镇

⑤ 侏儒山街·六海赛小镇

湖北美丽乡村：

① 索河街丁湾村　② 张湾街乌梅村

武汉美丽乡村：

① 索河街丁湾村

武汉传统村落：

① 索河街金龙村　② 索河街长河村

③ 索河街梅池村　④ 大集街大金湾

⑤ 张湾街上独山村

地图审图号：鄂S（2018）009号

140

5.2 蔡甸区村落分析

5.2.1 特色传统村落案例：长河村

保存较好的邓家老宅全貌，整栋房子是两户拼在一起的

邓家老宅左边一户的三开间

邓家老宅右边一户的门头，有繁杂精美的马头墙

马头墙细部和檐口，有特殊精致的刻画

沿着县道旁有一栋废弃的老房子

隔着围墙可以隐约看到檐口和墀头部分

5.2.2 特色改造村落案例

1）大金湾

改造后的院落式民居

改造后的双排并联式三层民居

改造后的民居山墙立面有特色彩画

重新塑造立面，并增添新的元素构件

在池塘对岸远眺村庄新居

在保留老房子的特色的前提下进行翻修

2) 上独山村

改造后的民居

立面改造使用的是以黄泥为原材料的仿夯土墙材料

立面改造使用的是仿青砖的陶瓷面砖

合伙经营的乡村农家乐大厅

农家乐的外廊空间

乡村大舞台的休息空间

143

3）梅池村

改造后的民居作为农家乐

立面改造使用真石漆喷涂

采用青砖和红砖砌筑成柱

改造后的两层一字形四开间民居

檐口部分有明显的青砖叠涩

山墙立面绘制大面积的宣传彩画

5.3 蔡甸区建筑细部

5.3.1 特色建筑

建筑为双坡顶砖木结构。檐口部分由砖叠涩出挑，绘有人物彩画。建筑内凹为传统槽门样式，有落地的马头墙。立面采用青砖加石灰砌筑，采用三段式划分，踢脚线较低。门框为石材质，上有铭文，窗洞上部有拱券装饰。

拱券装饰

马头墙

正立面有槽门

檐口有彩画

长河村

建筑整体采用立面改造的方式进行翻修改造。立面用白色漆喷涂，墙身边缘用青砖砌筑来勾边。屋顶用水泥瓦铺设，屋脊和侧脊用水泥浇筑。檐口部分用木质材料来收边，侧檐口有特殊的勾头。门窗皆改成现代材料，窗户外加设仿木色的铁质隔栅装饰。

用白色漆喷涂墙面

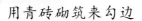
用青砖砌筑来勾边

用木质檐口收边

侧檐口有特殊勾头

特色彩画

仿木色铁质隔栅

建筑整体采用立面改造的方式进行翻修改造。立面主要采用真石漆喷涂，墙身、柱子用青砖搭配红砖来砌筑。屋顶用水泥瓦铺设，屋脊和侧脊用水泥浇筑。檐口部分用青砖叠涩来收边，侧檐口有特殊的勾头。门窗皆用现代材料。

宣传彩画

檐口用青砖叠涩

真石漆墙面

侧檐口有特殊勾头

真石漆墙面

青砖、红砖砌筑的柱子

5.3.2 屋顶

原型村落案例：索河街长河村。

屋脊正脊用瓦片装饰，两边为悬山顶，且无收头。屋顶采用黑布瓦铺设。

檐口用砖砌筑，以叠涩形式出挑，承托屋檐，叠涩部分抹灰，并绘有故事性彩画，加强了建筑的艺术效果。槽门处有落地的马头墙，两侧马头墙不落地。

屋顶

檐口

148

5.3.3 墙体

改建村落案例：张湾街上独山村。

墙身材料有红砖、青砖、石块、黄泥砂浆、旧陶罐等。

改造策略：在黄泥砂浆喷涂墙面的基础上，用砖石材料装饰；也有用旧砖砌筑的，并镶嵌旧的生活器具。

正立面

侧立面

5.3.4 门窗

原型村落案例：索河街金龙村、索河街长河村。

正立面的窗多为长方形，少量有用木过梁做装饰的情况。窗上沿往往有用砖砌的线脚，或简单向外叠涩，或呈现拱券状。

侧立面的窗多采用石质花格窗。

5.4 蔡甸区改造建筑标准图集

5.4.1 方案一：一层一字形户型（临街型）

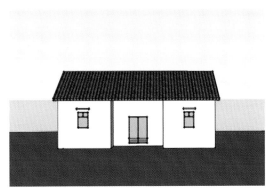

改造前

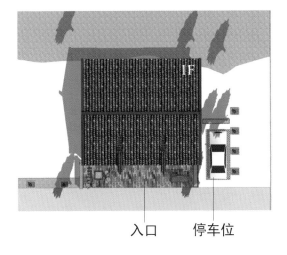

入口　　停车位

总平面图

层数：一层　　　　　建筑面积：103平方米

基底面积：103平方米　　户型：一室两厅一卫

改造方案预估造价：2.06万元

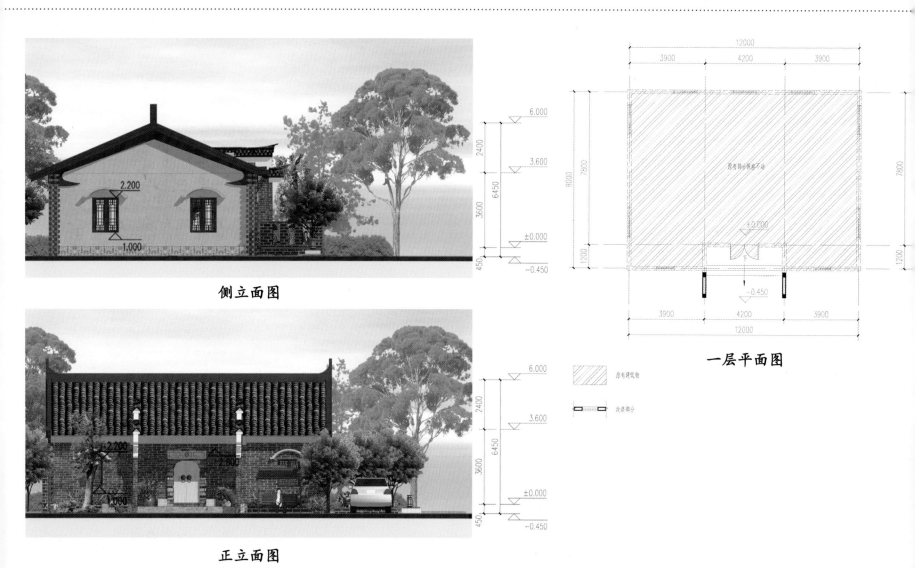

侧立面图

正立面图

一层平面图

原有建筑物

改造部分

细部装饰

① 屋脊装饰（摄于长河村）

② 檐口（摄于长河村）

③ 马头墙（摄于长河村）

④ 槽门（摄于长河村）

⑤ 墙转角（摄于上独山村）

⑥ 窗户（摄于长河村）

⑦ 抱鼓石（摄于金龙村）

⑧ 侧脊（摄于上独山村）

5.4.2 方案二：一字形后院式住宅（临街型）

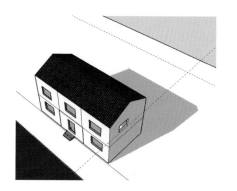

改造前

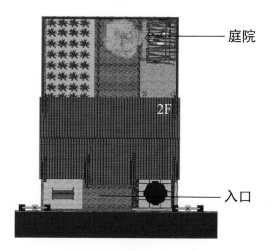

庭院

2F

入口

总平面图

层数：两层　　　　　建筑面积：130平方米

基底面积：70平方米　　户型：两室两厅一院

改造方案预估造价：3.25万元

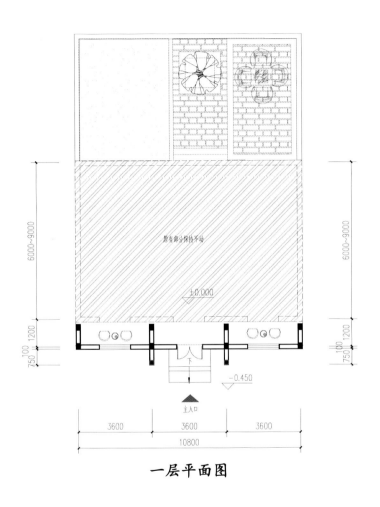

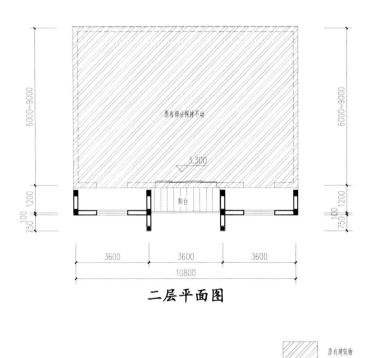

原有部分保持不动

±0.000

−0.450

主入口

3600   3600   3600

10800

6000~9000

750 100 1200

一层平面图

原有部分保持不动

3.300

阳台

3600   3600   3600

10800

6000~9000

750 100 1200

二层平面图

原有建筑物

改造部分

正立面图

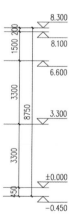

侧立面图

细部装饰

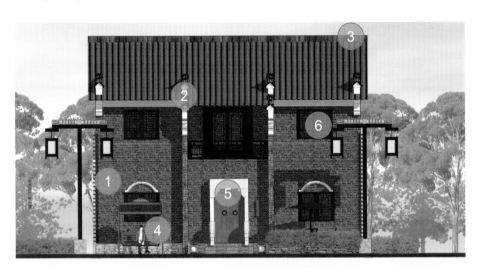

① 墙面（摄于长河村）

② 马头墙（摄于长河村）

③ 屋脊（摄于梅池村）

④ 门前座椅（摄于大金湾）

⑤ 门（摄于长河村）

⑥ 窗户（摄于文兹湾）

5.5 蔡甸区新建建筑标准图集

5.5.1 方案一：L形合院户型（非临街型）

效果图

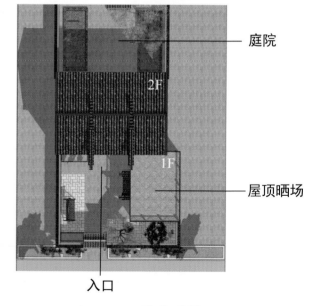

庭院

屋顶晒场

入口

总平面图

层数：两层　　　　　　建筑面积：123平方米

基底面积：72平方米　　户型：三室两厅两卫

方案预估造价：11.07万元

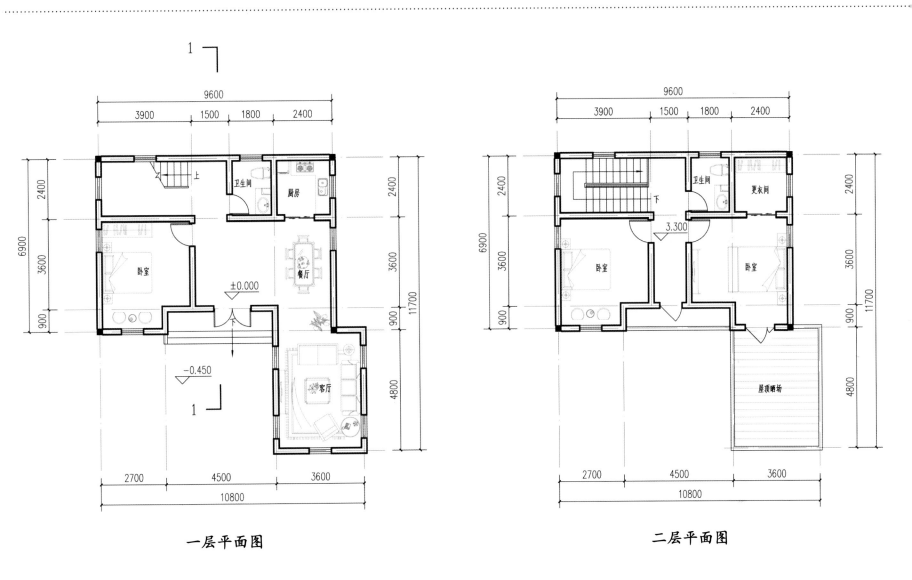

9600
3900 1500 1800 2400

2400

6900
3600

900

卫生间
厨房

上

卧室

±0.000

餐厅

−0.450

1

客厅

2400

3600

11700

900

4800

2700 4500 3600
10800

一层平面图

9600
3900 1500 1800 2400

2400

6900
3600

900

卫生间
更衣间

下
3.300

卧室

卧室

2400

3600

11700

900

4800

屋顶晒场

2700 4500 3600
10800

二层平面图

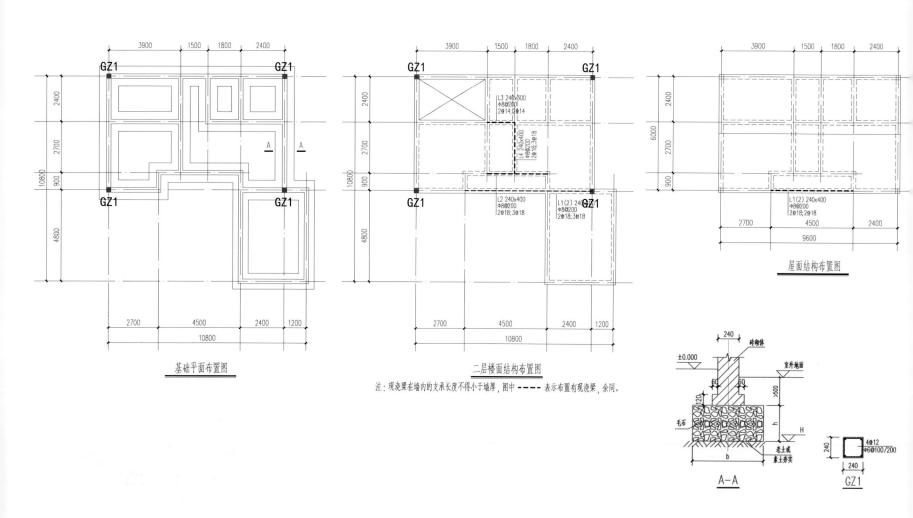

基础平面布置图

二层楼面结构布置图

注：现浇梁在墙内的支承长度不得小于墙厚，图中 ━━━ 表示布置有现浇梁，余同。

屋面结构布置图

A—A

GZ1

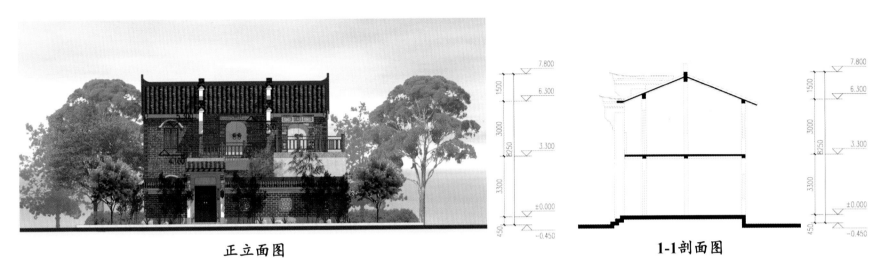

正立面图

1-1剖面图

侧立面图

161

细部装饰

① 屋脊装饰（摄于长河村）

② 檐口（摄于长河村）

③ 马头墙（摄于长河村）

④ 槽门（摄于长河村）

⑤ 墙转角（摄于上独山村）

⑥ 窗户（摄于长河村）

⑦ 院墙（摄于大金湾）

⑧ 侧脊（摄于上独山村）

5.5.2　方案二：一层一字形户型（临街型）

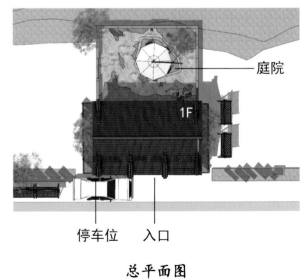

效果图

总平面图

庭院

停车位　入口

层数：一层　　　　　　建筑面积：120平方米

基底面积：120平方米　　户型：两室两厅一院

方案预估造价：9.6万元

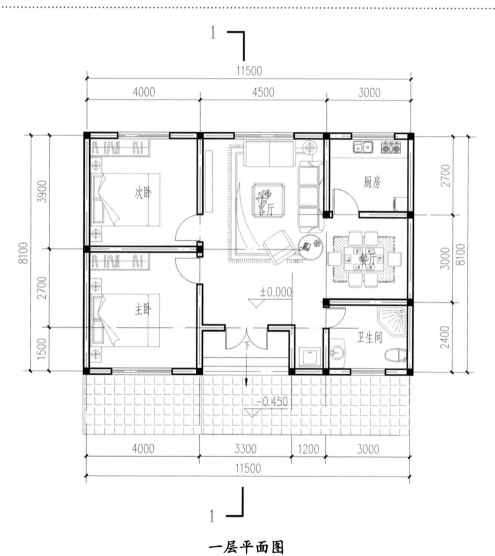

一层平面图

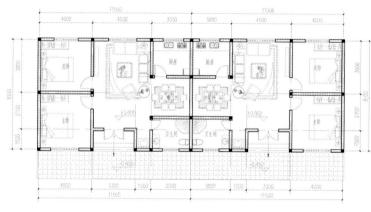

拼接户型示意图

注：此方案为可以双拼的户型，将独栋的平面户型直接拼接即可。

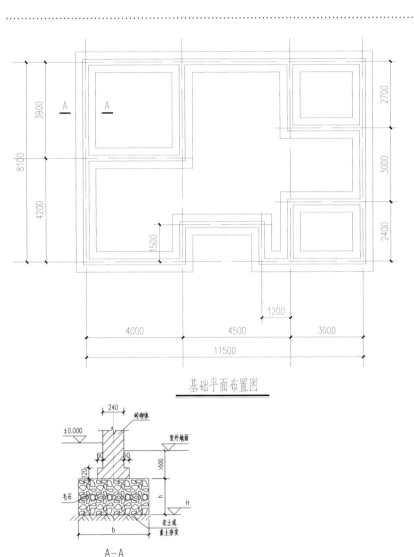

基础平面布置图

A-A

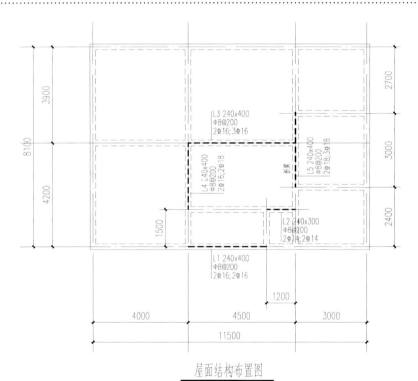

屋面结构布置图

注：现浇梁在墙内的支承长度不得小于墙厚，图中 ━ ━ 表示布置有现浇梁，余同。

L3 240x400
Φ8@200
2Φ16;3Φ16

L5 240x400
Φ8@200
2Φ18;3Φ18

L4 240x400
Φ8@200
2Φ16;2Φ18

L2 240x300
Φ8@200
2Φ14;2Φ14

L1 240x400
Φ8@200
2Φ16;2Φ16

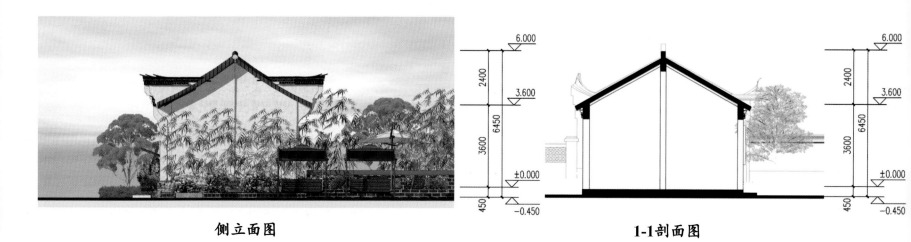

側立面图   1-1剖面图

正立面图

166

细部装饰

① 山墙（摄于长河村）

② 正立面马头墙（摄于长河村）

③ 墀头装饰（摄于长河村）

④ 槽门（摄于长河村）

⑤ 檐口（摄于长河村）

⑥ 窗户（摄于长河村）

⑦ 墙基（摄于长河村）

5.5.3　方案三：天井院式户型（临街型）

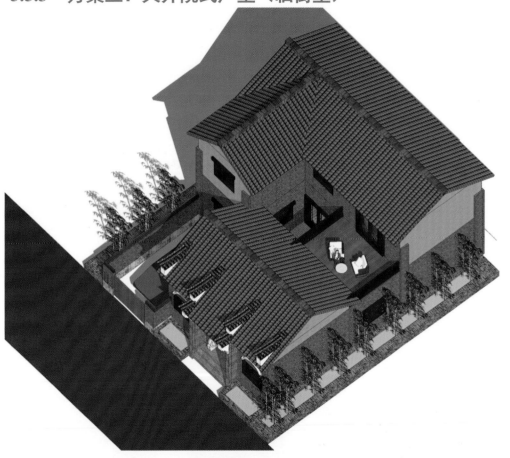

效果图

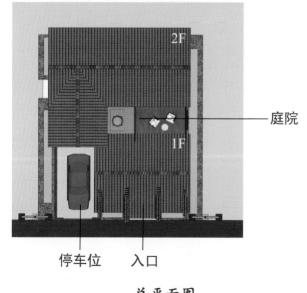

庭院

2F

1F

停车位　入口

总平面图

层数：两层　　　　　建筑面积：163平方米

基底面积：116 平方米　　户型：三室两厅两卫

方案预估造价：14.67万元

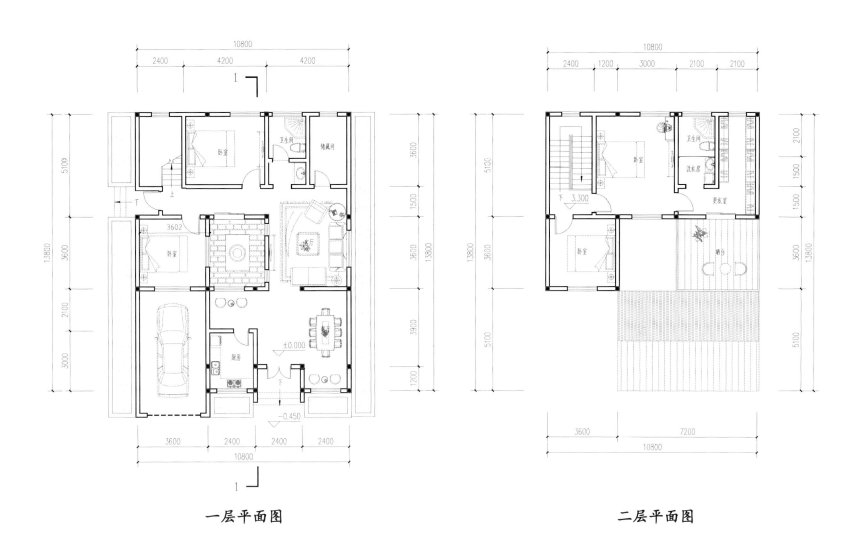

一层平面图　　　　　　　　二层平面图

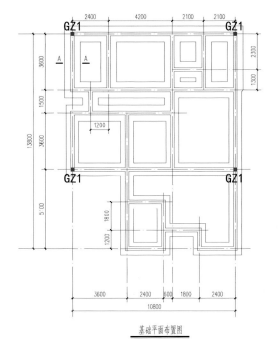

基础平面布置图

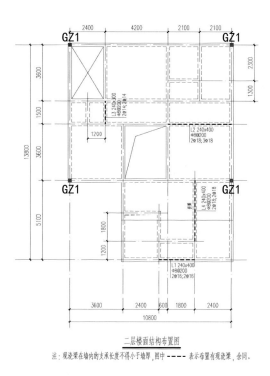

二层楼面结构布置图

注：现浇梁在墙内的支承长度不得小于墙厚，图中 ---- 表示布置有现浇梁，余同。

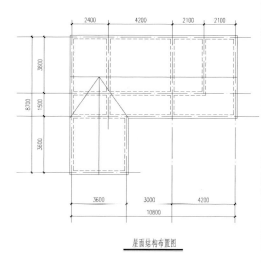

屋面结构布置图

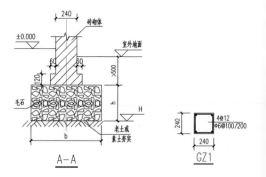

A—A

GZ1

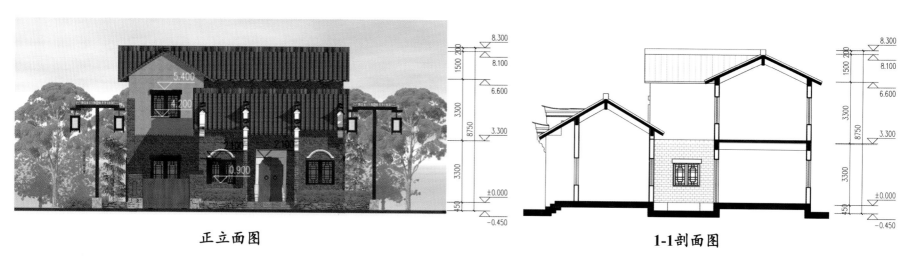

正立面图

1-1剖面图

侧立面图

171

细部装饰

① 壁柱（摄于梅池村）　　② 窗户（摄于长河村）

③ 夯土山墙（摄于金龙村）　　④ 水泥瓦（摄于梅池村）

⑤ 立门（摄于长河村）　　⑥ 屋脊（摄于梅池村）

⑦ 马头墙（摄于长河村）　　⑧ 檐口（摄于长河村）

5.5.4 方案四：两层院落式户型（临街型）

效果图

总平面图

2F

1F

庭院

入口

层数：两层　　　　建筑面积：141平方米

基底面积：92平方米　　户型：三室两厅一院

方案预估造价：12.69万元

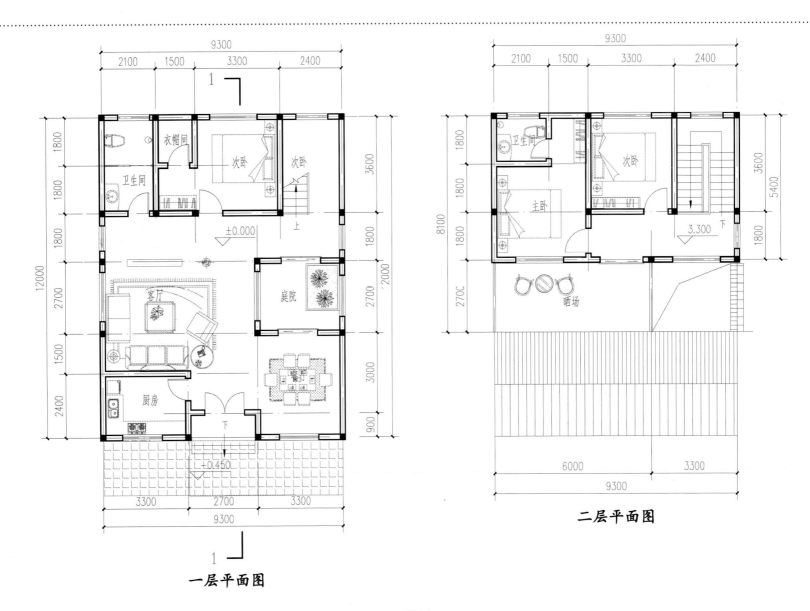

一层平面图

二层平面图

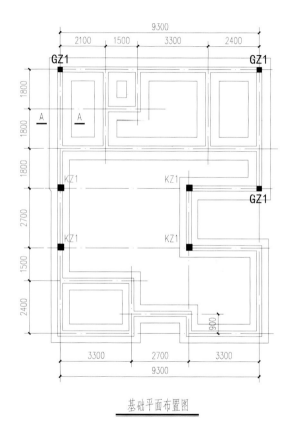

基础平面布置图

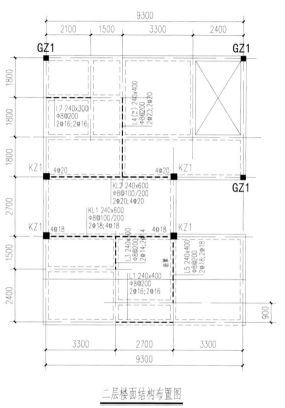

二层楼面结构布置图

注：现浇梁在墙内的支承长度不得小于墙厚，图中 ▬▬▬ 表示布置有现浇梁，余同。

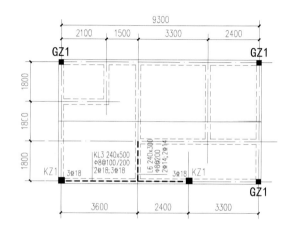

屋面结构布置图

A—A

GZ1 1:20

KZ1 1:20

正立面图

1-1剖面图

侧立面图

176

细部装饰

① 山墙（摄于长河村）

② 正立面马头墙（摄于长河村）

③ 槽门（摄于长河村）

④ 檐口（摄于长河村）

⑤ 窗户（摄于长河村）

⑥ 门（摄于上独山村）

⑦ 墙基（摄于长河村）

6

汉南区

6.1 汉南区区域环境与特色村落分布

6.1.1 区域环境

汉南区位于武汉市西南部，东南面濒临长江，与嘉鱼县、江夏区隔江相望，北临蔡甸区，以通顺河为界，西面、南面以东荆河为界，与仙桃、洪湖两市相邻。

通顺河原属东荆河水系。历史上由于东荆河下游尚无统一堤防，南北两支河流分别与内荆河、通顺河互相贯通，每当长江、汉江水位上涨，汉南区和四湖下片区域一片汪洋，因此这里被称为东荆河洪泛区。

汉南区少有历史民居建筑保留，当地建筑多为新中国成立后自行修建或统一规划。

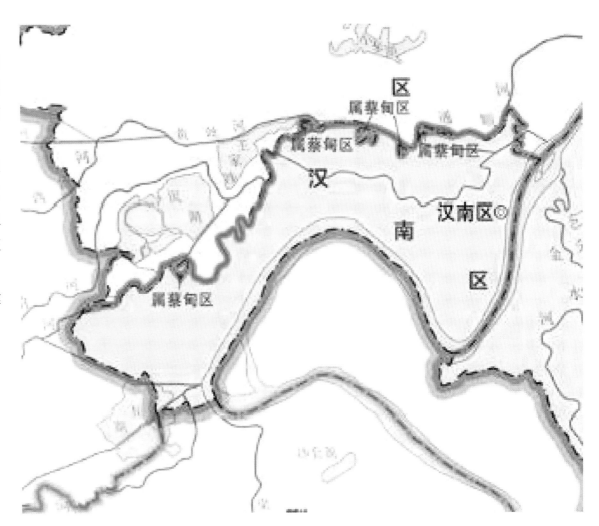

地图审图号：鄂S（2018）009号

6.1.2　特色村落分布

湖北省新农村建设示范村：

① 乌金山社区四大队

② 东荆街沟北大队

③ 湘口街双塔大队

武汉特色小镇：

① 东荆街·欧洲风情小镇

武汉传统村落：

① 东荆街乌金大队

② 东荆街东庄大队

③ 邓南街金城村

④ 邓南街水二村

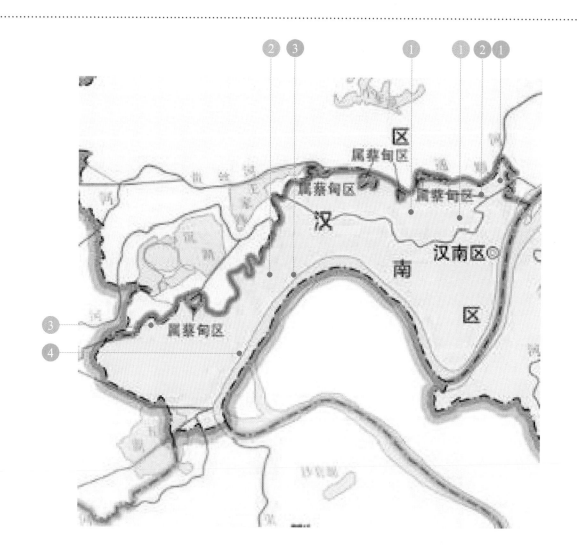

地图审图号：鄂S（2018）009号

6.2 汉南区村落分析

6.2.1 特色传统村落案例

1) 乌金大队

一字形传统民居，主入口设在东南角，檐下设槲头，砖混结构

一字形传统民居，三开间，主入口位于正中，简化槲门，砖混结构

清代实业家韩永清故居，青砖砌筑，被列为区级文物保护建筑

一字形传统民居，设槲门，红砖砌筑，屋顶铺黑布瓦

一字形三开间传统民居，入口居中，外墙已被改造粉刷，屋顶铺黑布瓦

一字形三开间传统民居，入口居中，中轴对称，砖混结构

2) 东庄大队

一字形双坡顶砖混结构民居，设槽门

红砖叠涩墀头

青砖叠涩墀头，屋顶铺黑布瓦

一字形双坡顶砖混结构民居

一字形双坡顶砖木结构民居，屋脊起翘，设槽门，檐口遗存民间彩绘

一字形双坡顶砖混结构民居，三开间

3）金城村

一字形双坡顶砖混结构民居，三开间，青砖砌筑，屋架已损毁

一字形双坡顶砖混结构民居，正面两开间，简化槽门

带有装饰图案的檐口及墀头

一字形双坡顶砖混结构民居，正面三开间

带有定制图案的烧制青砖

一字形双坡顶砖木结构民居，简化槽门

4）水二村

一字形双坡顶砖混结构民居，正面三开间，屋架已损毁

一字形槽门民居，正面三开间，入口居中，檐口用仿斗拱装饰

一字形砖混结构民居，正面三开间，入口居中，檐下设墀头，简化槽门

U形清代民居，青砖砌筑，檐下设墀头，简化槽门，区级文物保护单位

水二村李氏清代民居，区级文物保护单位

清代民居檐口及墀头细部

A栋传统民居：双坡顶砖木结构

建筑为双坡顶砖木结构。屋顶采用黑布瓦铺设，檐口部分由青砖叠涩出挑，涂有抹灰。建筑内凹为传统槽门样式。立面采用不同砌筑方式，用青砖砌筑，采用三段式划分，腰线较低。砖砌门框，外涂水泥作"立门"样式，采用木门扇。

建筑特色

| 墀头抹灰 | 低腰线 | 屋脊无装饰 | 檐口抹灰 |

建筑为双坡顶砖木结构。屋顶采用黑布瓦铺设，正脊砌一条水泥块压顶，两端起翘，侧脊由青砖砌筑。檐口部分由青砖叠涩出挑，并涂有抹灰。建筑内凹为传统槽门样式。墙体采用不同砌筑方式，用青砖砌筑，墙面外部有抹灰。采用砖砌门框和木门扇。窗洞尺寸较小，上有青砖叠涩出的窗楣作为装饰。

屋脊起翘

滴水

檐口抹灰

窗楣

建筑特色

186

6.4 汉南区改造建筑标准图集

6.4.1 方案一：小进深、大面宽的前后两院式住宅（非临街型）

改造前

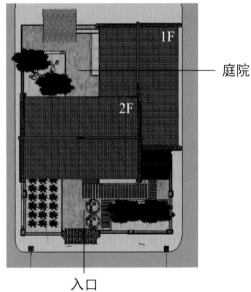

庭院

入口

总平面图

层数：两层 　　　　　 建筑面积：198平方米

基底面积：120平方米 　　　 户型：三室两厅两卫

改造方案预估造价：5.94万元

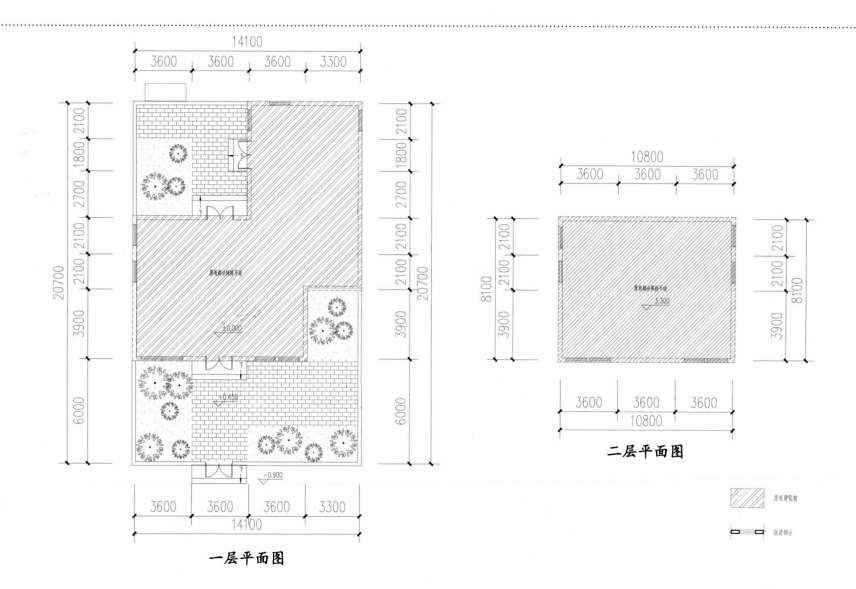

14100

3600 3600 3600 3300

20700

2100
1800
2700
2100
3900
6000

原有部分保树不动

±0.000

+0.450

−0.900

3600 3600 3600 3300

14100

一层平面图

10800

3600 3600 3600

8100

2100
2100
3900

原有部分保持不动
3.300

3600 3600 3600

10800

二层平面图

原有建筑物

改造部分

188

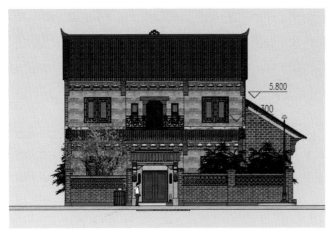

正立面图

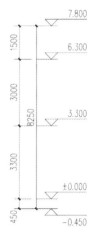

侧立面图

细部装饰

① 仿斗拱檐口（摄于滩头村）

② 瓦（摄于东庄大队）

③ 龙尾（摄于东庄大队）

④ 槽门（摄于东庄大队）

⑤ 青砖（摄于乌金大队）

⑥ 门（摄于水二村）

6.4.2 方案二：两层一字形户型（非临街型）

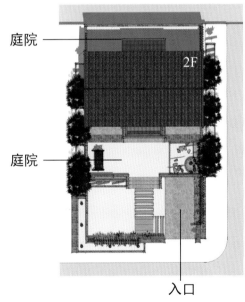

改造前

总平面图

层数：两层　　　　　　建筑面积：144平方米

建筑基底面积：72平方米　　户型：三室两厅两院

改造方案预估造价：3.6万元

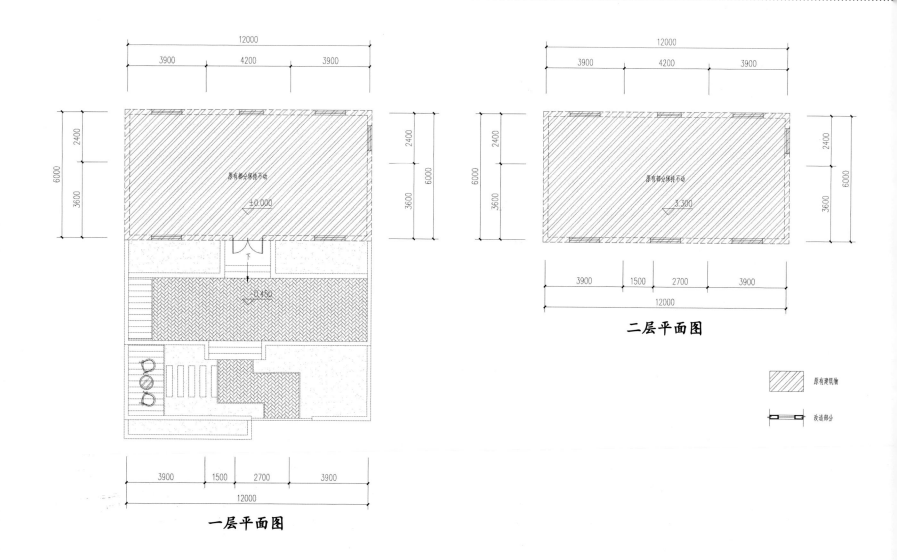

12000
3900   4200   3900

2400
6000
3600

原有部分保持不动

±0.000

-0.450

3900   1500   2700   3900
12000

一层平面图

12000
3900   4200   3900

2400
6000
3600

原有部分保持不动

3.300

3900   1500   2700   3900
12000

二层平面图

原有建筑物

改造部分

正立面图

侧立面图

细部装饰

1 屋顶（摄于东庄大队）

2 墀头（摄于乌金山社区）

3 檐口（摄于水二村）

4 窗户（摄于水二村）

5 门框（摄于金城村）

6 立面（摄于东庄大队）

6.5 汉南区新建建筑标准图集

6.5.1 方案一：一层一字形户型（临街型）

效果图

总平面图

庭院

停车位　入口

1F

层数：一层　　　　　建筑面积：120平方米

基底面积：120平方米　　户型：两室两厅

方案预估造价：9.6万元

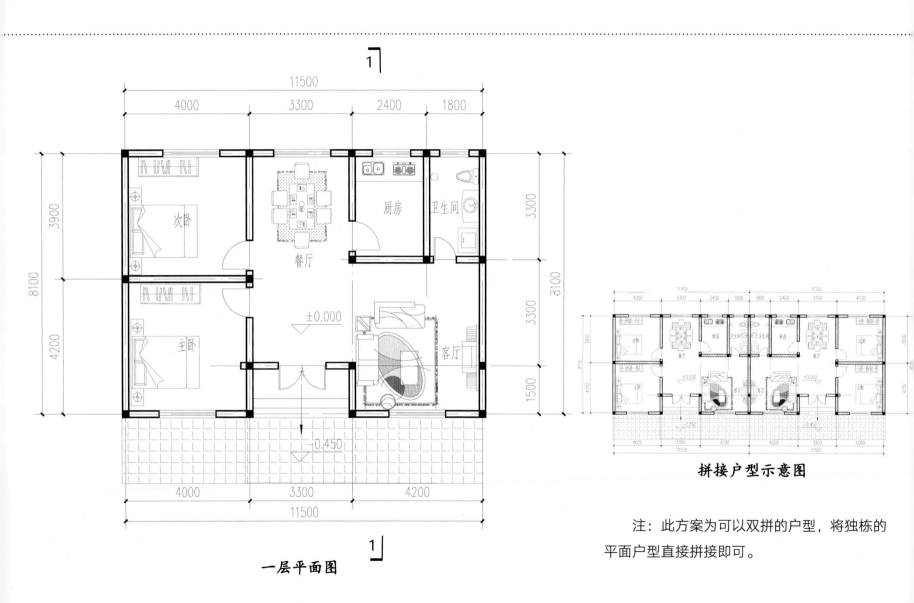

一层平面图

拼接户型示意图

注：此方案为可以双拼的户型，将独栋的平面户型直接拼接即可。

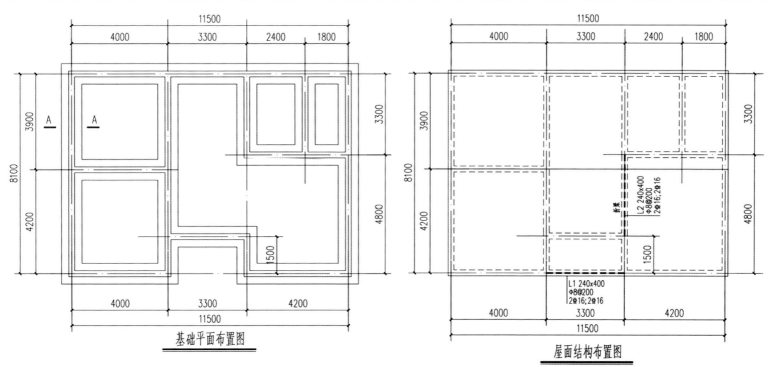

基础平面布置图

屋面结构布置图

注：现浇梁在墙内的支承长度不得小于墙厚，图中 ━ ━ ━ ━ 表示布置有现浇梁，余同。

A—A

197

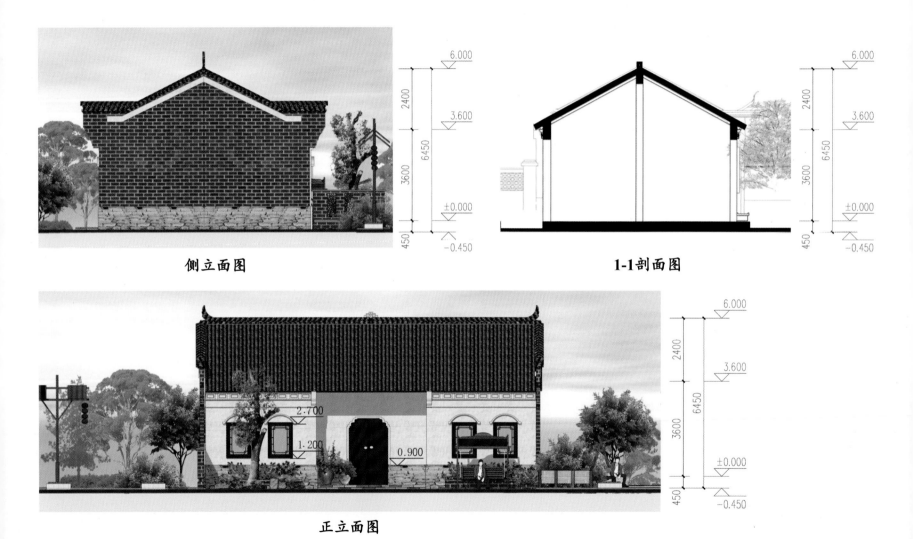

侧立面图

1-1剖面图

正立面图

细部装饰

① 屋脊装饰（摄于东庄大队）

② 侧脊及山墙面（摄于乌金大队）

③ 檐口（摄于水二村）

④ 槽门（摄于水二村）

⑤ 立面（摄于东庄大队）

⑥ 窗户（摄于乌金大队）

⑦ 墙面（摄于乌金大队）

6.5.2 方案二：两层一字形户型（非临街型）

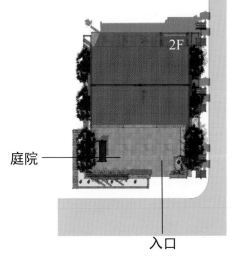

效果图

总平面图

庭院

入口

2F

层数：两层　　　　　　　建筑面积：118平方米

基底面积：60平方米　　　户型：三室两厅两院

方案预估造价：10.62万元

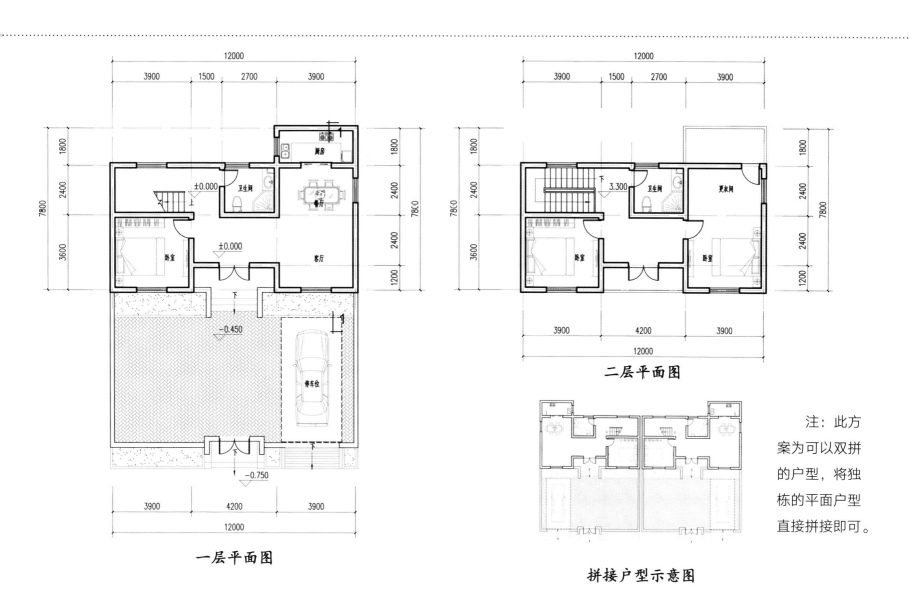

一层平面图

二层平面图

拼接户型示意图

注：此方案为可以双拼的户型，将独栋的平面户型直接拼接即可。

201

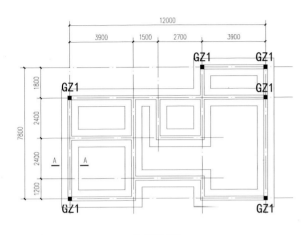

基础平面布置图

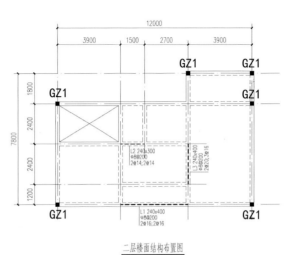

二层楼面结构布置图

注：现浇梁在墙内的支承长度不得小于墙厚，图中 ---- 表示布置有现浇梁，余同。

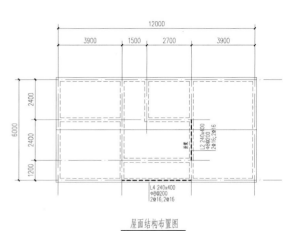

屋面结构布置图

注：现浇梁在墙内的支承长度不得小于墙厚。

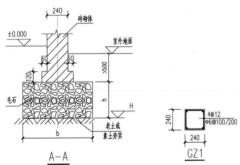

A—A

GZ1

正立面图

1-1剖面图

侧立面图

细部装饰

① 墙面（摄于东庄大队）

② 门（摄于金城村）

③ 窗户（摄于水二村）

④ 檐口（摄于水二村）

⑤ 墀头（摄于乌金山社区）

⑥ 屋顶（摄于东庄大队）

6.5.3 方案三：两层L形户型（非临街型）

效果图

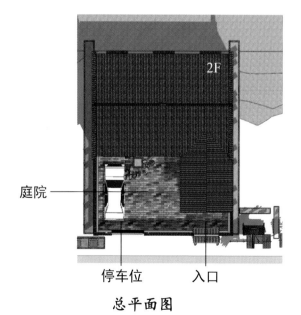

总平面图

层数：两层　　　　　　建筑面积：165平方米

基底面积：117平方米　　户型：三室两厅一院

方案预估造价：16.5万元

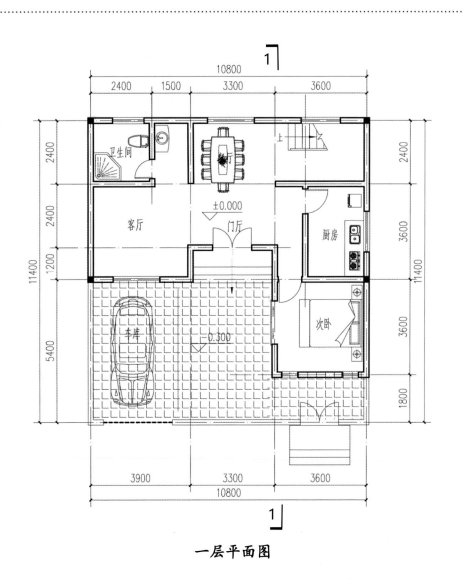

一层平面图

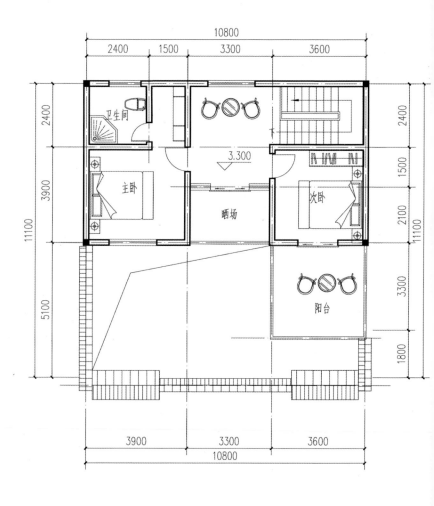

二层平面图

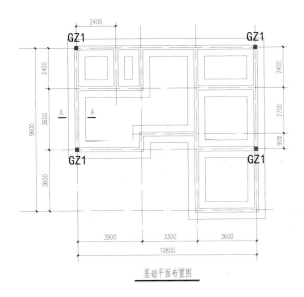

基础平面布置图

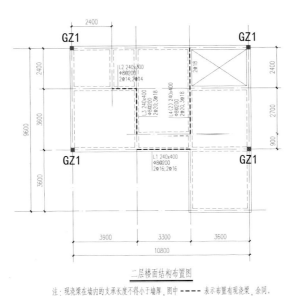

二层楼面结构布置图

注：现浇梁在墙内的支承长度不得小于墙厚，图中 ----- 表示布置有现浇梁，余同。

屋面结构布置图

注：现浇梁在墙内的支承长度不得小于墙厚。

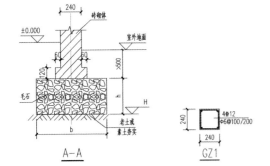

A—A

GZ1

207

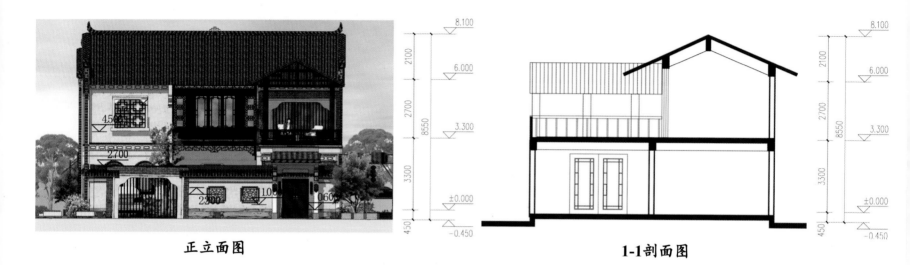

正立面图

1-1剖面图

侧立面图

细部装饰

① 屋脊装饰（摄于东庄大队）

② 侧脊及山墙面（摄于乌金大队）

③ 檐口装饰（摄于水二村）

④ 槽门（摄于水二村）

⑤ 立面（摄于东庄大队）

⑥ 窗户（摄于乌金大队）

⑦ 墙面（摄于乌金大队）

⑧ 阳台栏杆（摄于水二村）

6.5.4　方案四：大进深、小面宽的前后两院式住宅（非临街型）

层数：一层　　　　　建筑面积：120平方米

基底面积：120平方米　户型：四室两厅三卫

方案预估造价：9.6万元

庭院

入口

总平面图

210

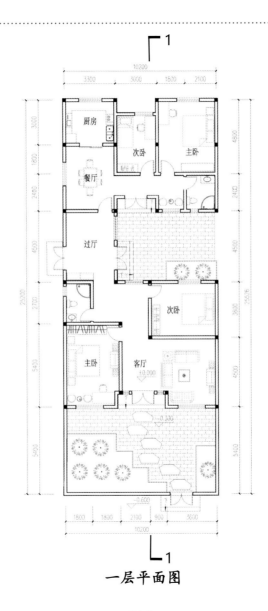

一层平面图

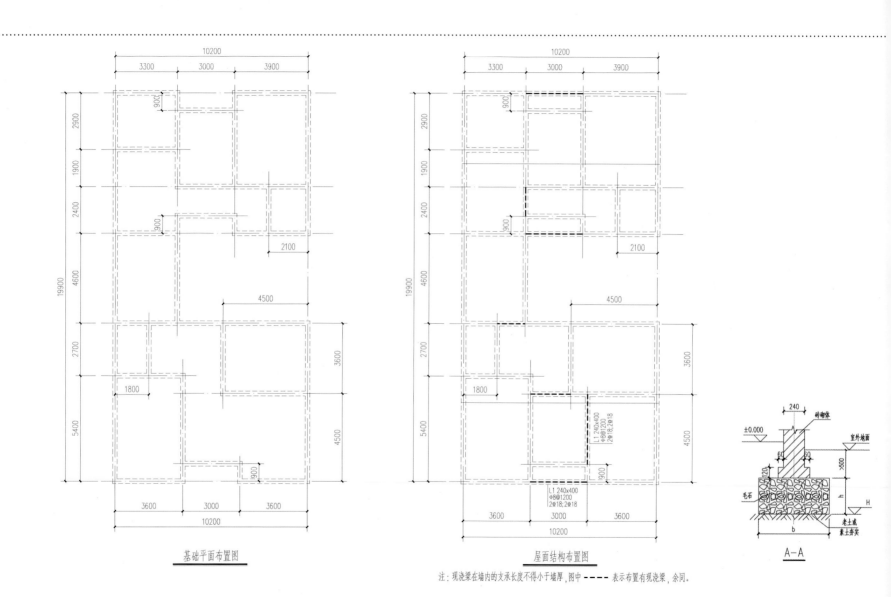

基础平面布置图

屋面结构布置图

A—A

注：现浇梁在墙内的支承长度不得小于墙厚，图中 ———— 表示布置有现浇梁，余同。

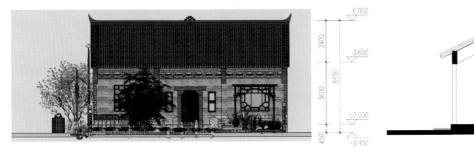

正立面图

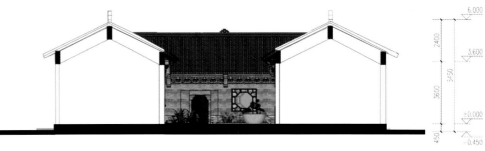

1-1剖面图

侧立面图

细部装饰

① 仿斗拱檐口（摄于滩头村）　② 瓦（摄于东庄大队）

③ 龙尾（摄于东庄大队）　④ 槽门（摄于东庄大队）　⑤ 立面（摄于乌金大队）　⑥ 墀头（摄于水二村）

7

东西湖区

7.1 东西湖区区域环境与特色村落分布

7.1.1 区域环境

东西湖区隶属于湖北省武汉市，地处长江左岸，武汉市的西北部，有汉江、汉北河及府澴河穿过，是古云梦泽的一部分。1958年，东西湖区由汉阳、黄陂、孝感、汉川部分地区组成。区域东西长38公里，南北宽22.5公里，总面积499.71平方公里。2017年常住人口56万人。东西湖区先后获得了湖北省农村党的建设"三级联创"先进区、湖北省"两型"社会改革试验示范区等称号。

东西湖区地貌属岗边湖积平原，四周高、中间低，状如盆碟，自西向东倾斜。

地图审图号：鄂S（2018）009号

7.1.2 特色村落分布

湖北省新农村建设示范村：

① 慈惠街鸦渡大队

② 慈惠街蔡家大队

③ 走马岭街苗湖大队

④ 慈惠街八向大队

⑤ 试验站大队

武汉传统村落：

① 新沟镇街

② 柏泉街茅庙集

③ 慈惠街石榴红村

地图审图号：鄂S（2018）009号

217

7.2 东西湖区村落分析

7.2.1 特色传统村落案例：新沟镇街

新沟镇街红砖房

红砖房墙面抹灰，凹进去的入口门窗对称设置

红砖房檐口用砖叠涩砌筑

新沟镇街特色建筑

新沟镇街一隅

新沟镇街特色工匠

7.2.2 特色改造村落案例
1）柏泉街茅庙集

柏泉街茅庙集商业街仿古建筑立面，双坡檐屋顶，门窗均为木质

柏泉街茅庙集商业街

茅庙集牌坊

柏泉街茅庙集商业街采用石板铺地

用文化牌的形式向来此的游客宣传茅庙集文化

《茅庙集记》记述了茅庙集的历史

219

2）石榴红村

石榴红村游客中心，粉墙黛瓦，木构窗框

石榴红村休息凉亭

石榴红村博物馆

石榴红村博物馆馆藏物品

石榴红村戏楼

石榴红村牌坊

7.3 东西湖区建筑细部

7.3.1 特色建筑

A型传统民居：一字形平面红砖砌筑砖混结构

建筑为砖混结构。檐口部分涂灰，并用灰塑图样。墙面采用红砖砌筑，踢脚线较低，正立面用水泥砂浆抹面。建筑采用木质门窗。

灰塑福字悬鱼

檐口

木质门窗

较低的踢脚线

新沟镇街

7.3.2　屋顶

屋脊

改建村落案例：石榴红村。

建筑整体为徽派风格，屋脊仿照徽派建筑特点，做成砖砌抹面，上铺一层瓦，屋角起翘。

檐口用梁柱承接，做法较简单。

檐口

7.4 东西湖区改造建筑标准图集

7.4.1 方案一：两层后院户型（临街型）

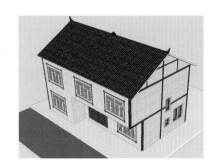

改造前

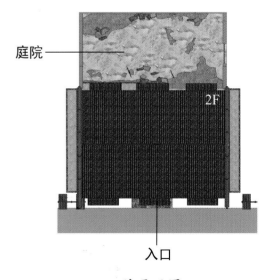

庭院

2F

入口

总平面图

层数：两层　　　　　建筑面积：184平方米

基底面积：92平方米　　户型：四室两厅一院

改造方案预估造价：4.6万元

正立面图

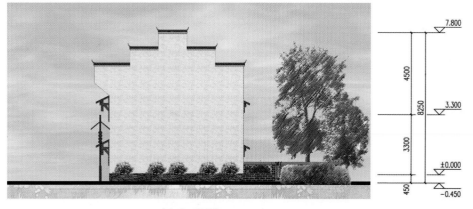

侧立面图

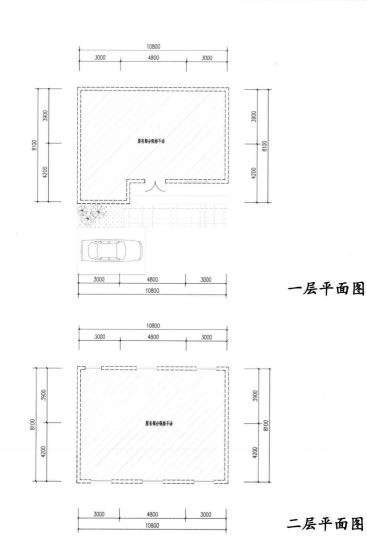

一层平面图

二层平面图

细部装饰

1 马头墙（摄于石榴红村） 2 檐口（摄于新沟镇街）

3 雕花木门（摄于茅庙集） 4 雕花窗扇（摄于茅庙集）

5 屋脊（摄于新沟镇街）

7.4.2 方案二：两层合院户型（临街型）

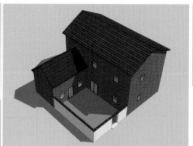

改造前　　　　　　改造后

庭院——
晒场——

1F

2F

入口

总平面图

层数：两层　　　　　建筑面积：184平方米

基底面积：101平方米　　户型：四室两厅一院

改造方案预估造价：4.6万元

226

一层平面图

二层平面图

原有建筑物

改造部分

晒场

原有部分保持不动

原有部分保持不动

±0.000

−0.450

−0.450

11100
2400　5100　1200　2400
6000
16000
2400　3600　2100　1700　3700　2500
4500　1200　1800　2500
3600　3900　3600
11100

11100
2400　1800　3300　1200　2400
7500
2100　2400　3000
4500　1200　1800
3600　3800　3600
11100

正立面图

侧立面图

228

细部装饰

① 庭院（摄于新沟镇街） ② 门窗（摄于新沟镇街）

③ 悬鱼（摄于新沟镇街） ④ 鸱吻（摄于新沟镇街）

⑤ 博风板（摄于新沟镇街） ⑥ 檐口（摄于新沟镇街）

7.5 东西湖区新建建筑标准图集

7.5.1 方案一：两层围院户型（可双拼、非临街型）

效果图

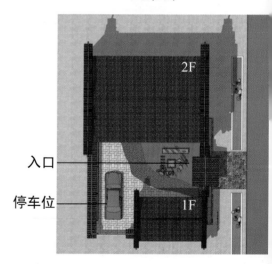

入口

停车位

总平面图

层数：两层 建筑面积：172平方米

基底面积：96平方米 户型：三室两厅一院

方案预估造价：15.48万元

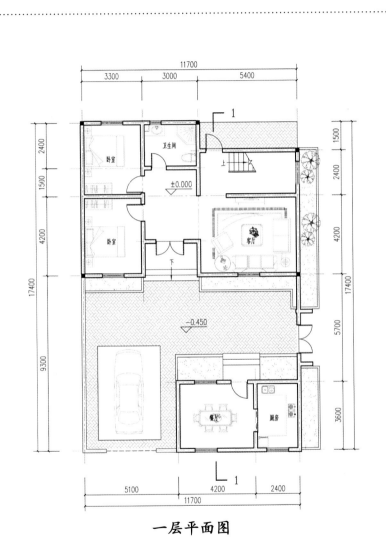

一层平面图

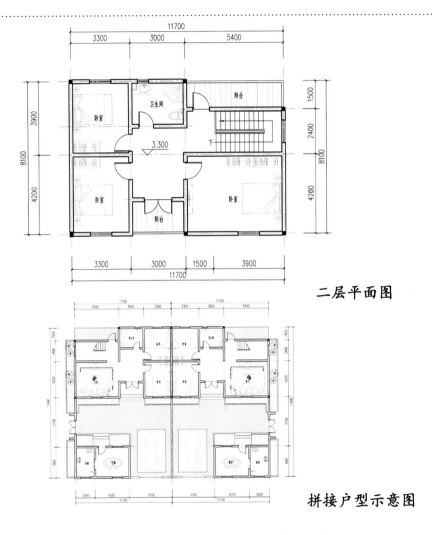

二层平面图

拼接户型示意图

注：此方案为可以双拼的户型，将独栋的平面户型
沿左侧轴线进行镜像对称，即得到拼接后的户型。

231

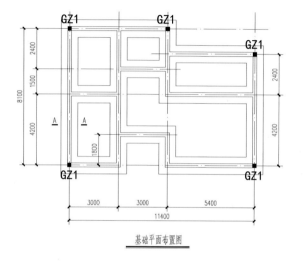

基础平面布置图

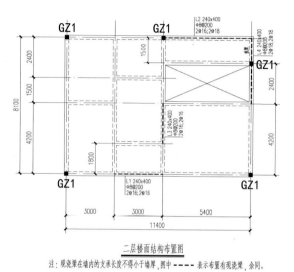

二层楼面结构布置图

注：现浇梁在墙内的支承长度不得小于墙厚，图中 ---- 表示布置有现浇梁，余同。

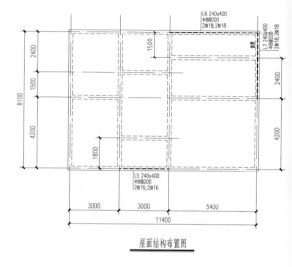

屋面结构布置图

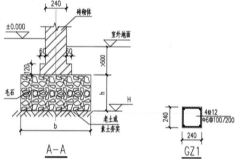

A—A

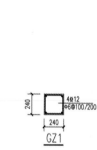

GZ1

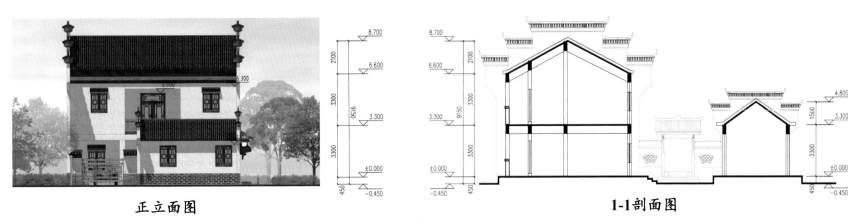

正立面图

1-1剖面图

侧立面图

细部装饰

① 庭院（摄于新沟镇街）

② 窗户（摄于茅庙集）

③ 门（摄于茅庙集）

④ 围墙（摄于石榴红村）

⑤ 檐口（摄于石榴红村）

7.5.2 方案二：两层合院户型（非临街型）

效果图

效果图

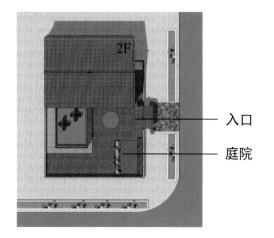

入口

庭院

总平面图

层数：两层　　　　　建筑面积：183平方米

基底面积：100平方米　　户型：四室两厅一院

方案预估造价：14.64万元

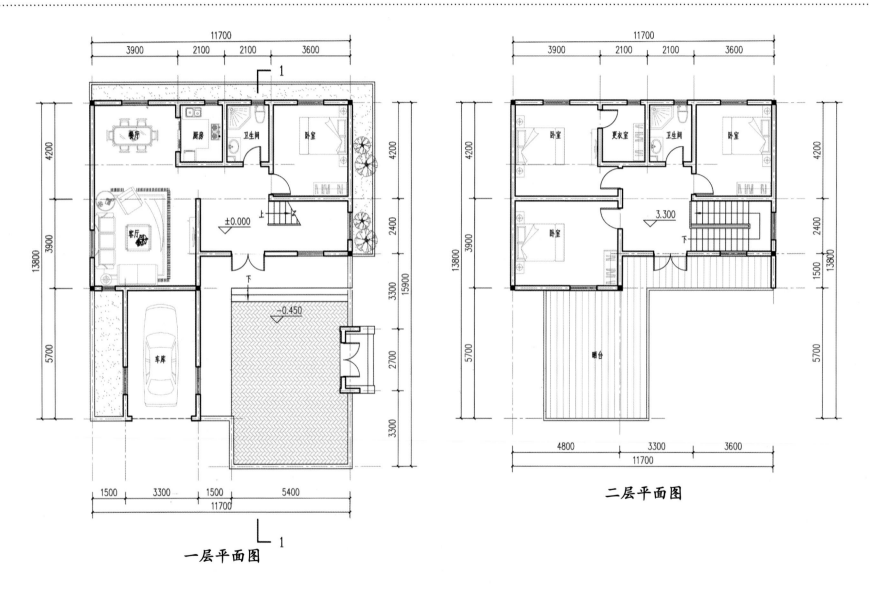

一层平面图

二层平面图

236

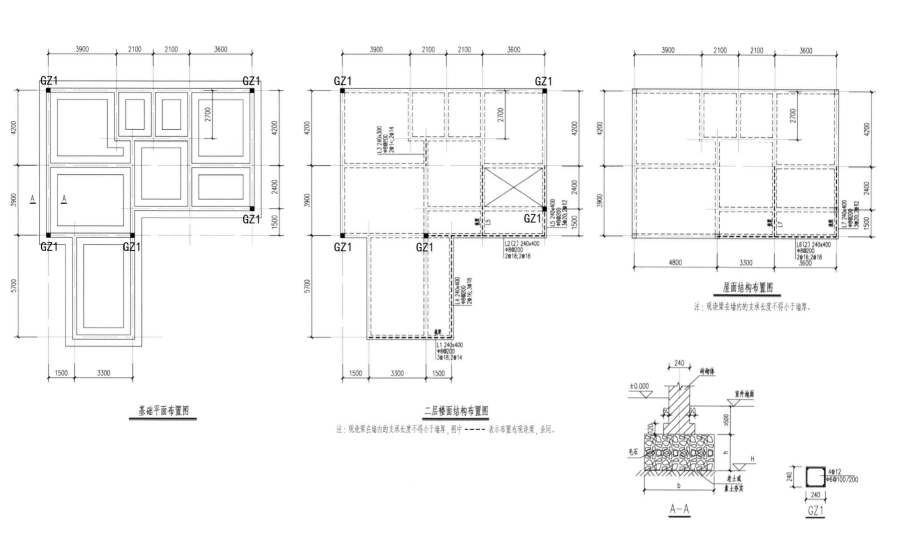

基础平面布置图

二层楼面结构布置图

注：现浇梁在墙内的支承长度不得小于墙厚，图中 ---- 表示布置有现浇梁，余同。

屋面结构布置图

注：现浇梁在墙内的支承长度不得小于墙厚。

A-A

GZ1

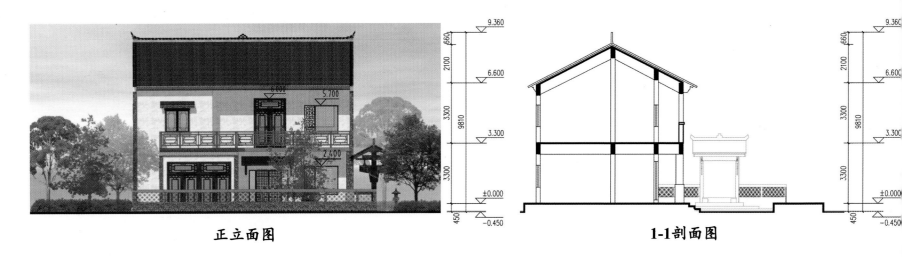

正立面图

1-1剖面图

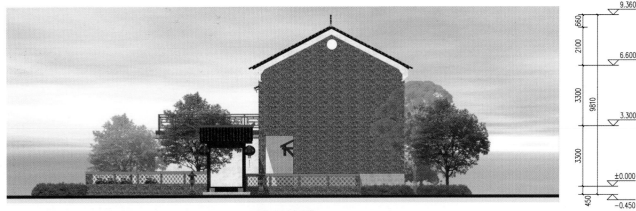

侧立面图

238

细部装饰

① 庭院（摄于新沟镇街）

② 窗户（摄于茅庙集）

③ 悬鱼（摄于新沟镇街）

④ 鸱吻（摄于新沟镇街）

⑤ 博风板（摄于新沟镇街）

⑥ 檐口（摄于新沟镇街）

239

7.5.3　方案三：天井合院户型（非临街型）

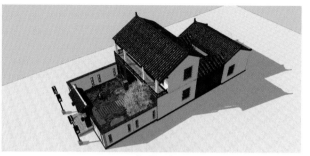

效果图

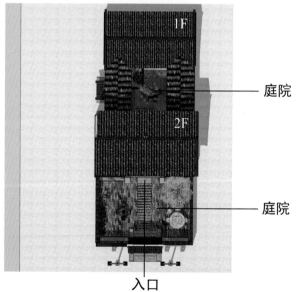

庭院

庭院

入口

总平面图

层数：两层　　　　　　　建筑面积：177平方米

基底面积：120平方米　　户型：四室两厅两卫

方案预估造价：15.93万元

240

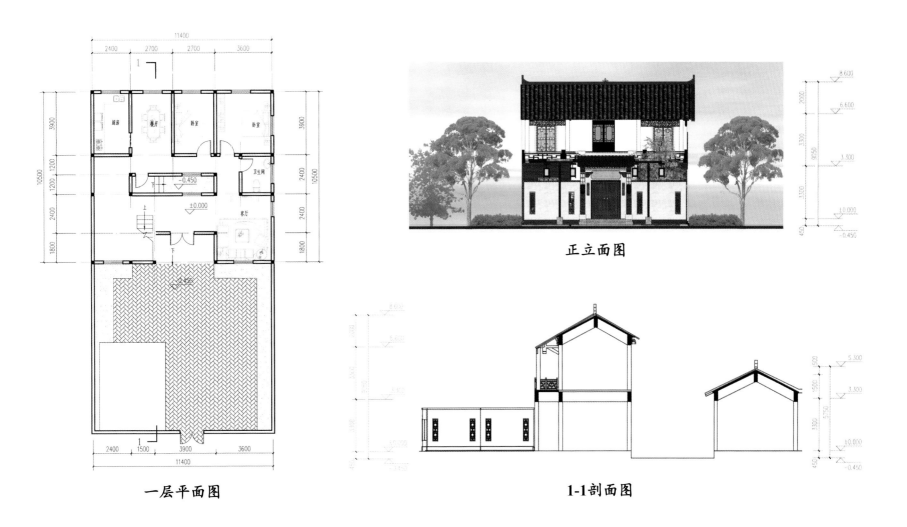

一层平面图

正立面图

1-1剖面图

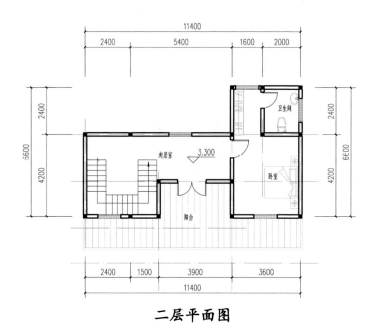

二层平面图

起居室 3.300

卫生间

卧室

阳台

11400

2400 5400 1600 2000

2400 1500 3900 3600

11400

2400 2400

6600 4200

6600 4200

侧立面图

6.300

2.100 2.700

8.600

6.600

3.300

±0.000

-0.450

2000 3300 3300 450

9050

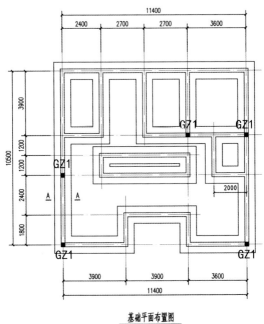

基础平面布置图

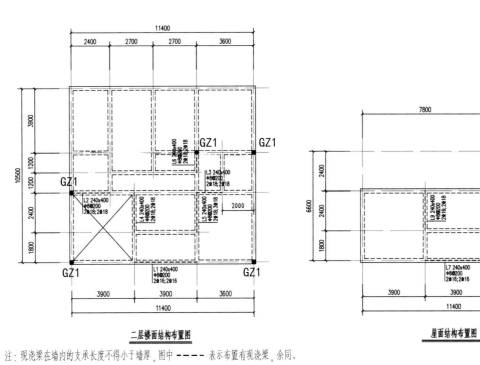

二层楼面结构布置图

屋面结构布置图

注：现浇梁在墙内的支承长度不得小于墙厚，图中 ---- 表示布置有现浇梁，余同。

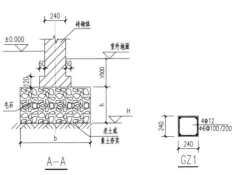

A—A

GZ1

243

细部装饰

1 门（摄于石榴红村）

2 墀头（摄于新沟镇街）

3 围墙（摄于石榴红村）

4 立面（摄于石榴红村）

5 窗户（摄于石榴红村）

6 檐口（摄于新沟镇街）

7.5.4　方案四：独栋户型（非临街型）

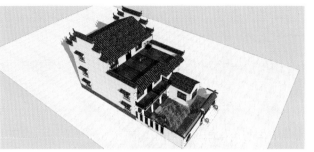

效果图

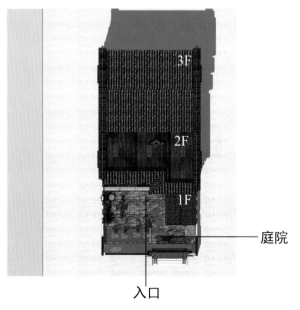

庭院

入口

总平面图

层数：三层　　　　　建筑面积：285平方米

基底面积：115平方米　　户型：六室三厅三卫

方案预估造价：22.8万元

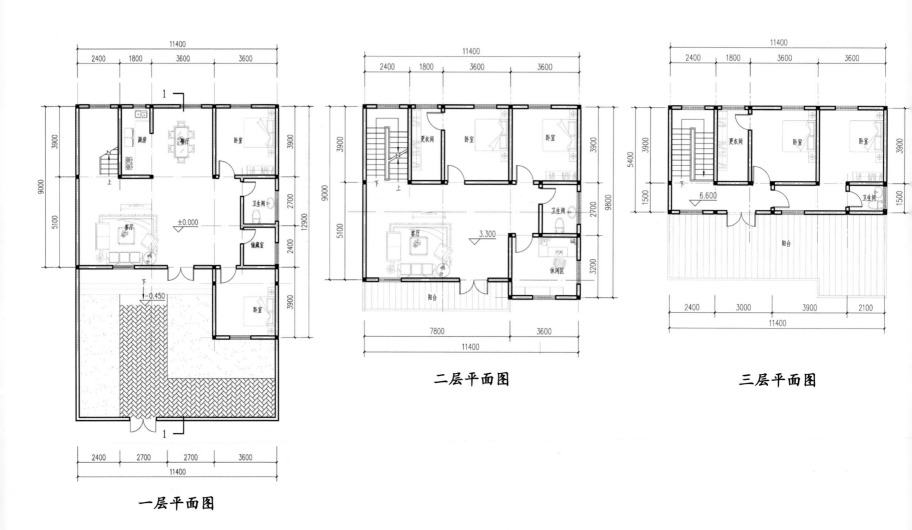

一层平面图

二层平面图

三层平面图

246

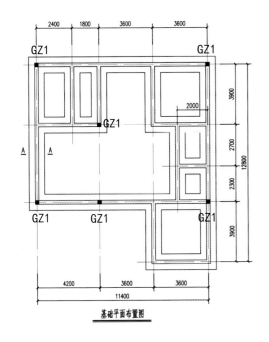

基础平面布置图

A—A

GZ1

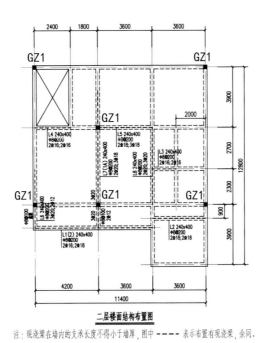

二层楼面结构布置图

注：现浇梁在墙内的支承长度不得小于墙厚，图中 － － － － 表示布置有现浇梁，余同。

三层楼面结构布置图

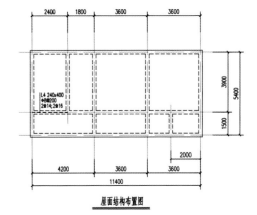

屋面结构布置图

247

正立面图

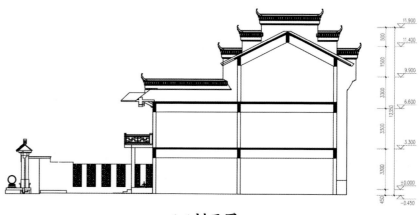

1-1剖面图

侧立面图

细部装饰

① 门（摄于石榴红村）

② 墀头（摄于新沟镇街）

③ 山墙（摄于石榴红村）

④ 立面（摄于石榴红村）

⑤ 窗户（摄于石榴红村）

⑥ 檐口（摄于新沟镇街）

武汉农村建房标准图集 （下册）

农村房前屋后环境整治图集 （指导版）

赵逵 著

华中科技大学出版社
http://www.hustp.com
中国·武汉

图书在版编目（CIP）数据

武汉农村建房标准图集：上下册 / 赵逵著. —武汉：华中科技大学出版社，2019.6
ISBN 978-7-5680-5099-9

I.①武… II.①赵… III.①农村住宅-建筑设计-图集 IV.①TU241.4-64

中国版本图书馆CIP数据核字（2019）第101136号

武汉农村建房标准图集 上下册　　　　　　　　　　　　　　　　　　　赵逵 著
Wuhan Nongcun Jianfang Biaozhun Tuji Shangxiace

策划编辑：张利琰
责任编辑：张利艳
封面设计：张　辉
责任校对：潘　鸣
责任监印：周治超
出版发行：华中科技大学出版社（中国·武汉）　　　　　电话：（027）81321913
　　　　　武汉市东湖新技术开发区华工科技园　　　　　邮编：430223
录　　排：华中科技大学出版社照排中心
印　　刷：武汉科源印刷设计有限公司
开　　本：1092mm×787mm　1/16
印　　张：25.5
字　　数：545千字
版　　次：2019年6月第1版第1次印刷
定　　价：199.00元（上下册）

前　　言

　　为全面贯彻和落实十九大精神，按照"产业兴旺、生态宜居、乡风文明、治理有效、生活富裕"的总要求，切实改善武汉市农村人居环境，推进乡村生态振兴，努力打造环境优美、设施完善、服务便捷、各具特色的农村人居环境。按照《市人民政府关于大力推进乡村生态振兴的意见》（武政〔2018〕34号）和《市人民政府办公厅关于印发武汉市农村生活垃圾收集处理三年行动计划等四个行动计划的通知》（武政办〔2018〕87号）要求，华中科技大学建筑与城市规划学院设计团队深入各区街道、乡镇调研，广泛征求社会各界意见，编制完成了农村房前屋后环境整治图集。该图集共含18套整治方案，以因地制宜、分类指导为设计原则，集中力量解决突出问题，做到干净、整洁、有序，深入开展农村环境卫生整治行动，全面提升农村环境品质。

　　赵逵教授负责本书整体撰写工作，下列人员在照片素材和文字整理方面提供了帮助，在此表示感谢，他们分别是：邢寓、张晓莉、赵苒婷、李林、肖清明、魏楠、姚彧、赵胤杰、张黎、郭思敏、匡杰、肖东升、王特、向雨航、张颖慧、李雯、王筱杭、李创。

　　图集在编制和撰写的过程中，许多单位和人士都给予了支持和帮助，在此感谢武汉市城乡建设委员会、华中科技大学建筑与城市规划学院、武汉华中科大建筑规划设计研究院有限公司等单位提供的指导和帮助，感谢华中科技大学出版社的编辑们一再的督促和审稿编辑工作，本图集才得以如期出版。

目　录

1

房前屋后环境整治导则

党的十九大报告中正式提出实施乡村振兴战略，并将其列入决胜全面建成小康社会需要坚定实施的七大战略之一。

习近平指出，实施乡村振兴战略是新时代做好"三农"工作的总抓手。要聚焦"产业兴旺、生态宜居、乡风文明、治理有效、生活富裕"的总要求，着力推进乡村产业振兴、人才振兴、文化振兴、生态振兴、组织振兴，加快构建现代农业产业体系、生产体系、经营体系，把政府主导和农民主体有机统一起来，充分尊重农民意愿，激发农民内在活力，教育和引导广大农民用自己的辛勤劳动实现乡村振兴。

"十三五"期间，武汉市将持续建设200个有特色的美丽乡村（湾），凸显历史记忆、区域特色、民族特点，推进以人为核心的城镇化建设，促进城乡合理分工、功能互补、协同发展。

近年来，武汉市按照建设具有武汉特色的"富裕、和谐、秀美"的社会主义新农村目标，以美丽乡村建设为重点，不断加强农村基础设施和公共服务设施建设，改善农村生产生活环境，打造了一批美丽乡村示范样板。

乡村文化如果能回归，农民对建设好自己的家园有信心，就会主动改善自己居住的环境。这就是我们通常所说的"针灸疗法"。只要抓住一个点，深入挖掘，就可以激活"经络"，从而使机体自身发生转变。所以，乡村设计规划不是一蹴而就的，需要一步一个脚印地发展。

1）各类垃圾清理

　　房前屋后干净整洁，无植物残枝败叶，无乱堆乱放现象，院内无积水，无禽畜粪便，墙角等潮湿处无杂草。

　　公共区域保持整洁，无污水污物，无垃圾积存，无粪便遗留，无乱搭乱盖、乱贴乱画现象；配套生活垃圾收运设施管理与维护规范，无垃圾散落或满溢现象；村湾道路路面净、人字沟净、花坛周围与墙面净；田间地头无暴露垃圾，农作物秸秆摆放整齐；河湖塘堰等水域无垃圾漂浮；公共厕所干净整洁，定期清扫。

　　疏通河道沟渠，拆除沿河沿湖的违章搭建，严禁填塘建房，严禁向河塘乱丢乱倒。

2）材料和线网规整

　　建筑建材、柴火、农具等生产生活用品集中有序存放，无蜘蛛网，不得阻碍交通。

　　规整电网，确保线路安全美观，更换废旧电线杆，减少线路交叉，避免跨越建筑物。

3）公共区域和道路规整

　　在公共通道两侧划定一定范围的公共空间红线，不得违章占道和占用红线。

　　道路路面平整，不应有坑洼、积水等现象；推进道路硬化工程，整修泥泞小路。

　　不得在住户房前屋后乱搭乱建，如不依树搭棚，不利用树木牵搭绳子晾晒衣物等。

4）白蚁防治

　　新建房屋应做好白蚁预防，彻底清理白蚁的食物，间接地消灭白蚁，减少白蚁生存的可能性。

　　使用杀白蚁药物对木构件进行涂刷、浸泡等预处理，也可用60℃以上高温处理。

　　保持室内外清洁，清除杂物，物品摆放有序，吸引白蚁的木质废弃物、破旧衣物等禁止存留。

不推荐电线胡乱牵搭

不推荐房前屋后废弃建材乱堆

推荐民居前院整洁干净

5）标识系统统一

　　美化标识，广告牌匾统一规格，不得乱贴乱挂，鼓励富有特色的广告标语；禁止在建筑墙面上随意喷涂小广告，尽量保留建筑墙面原有的样貌。

6）照明系统设计

　　在农村道路安装路灯，能起到夜间道路照明的作用，是乡村绿化美化工程的重要组成部分。

　　还可以在一些保存良好、富有研究价值和文化特色的建筑外墙上进行照明设计。

保存下来的具有时代特色的标语

安装在乡村道路旁的路灯

建筑外墙的照明设计

1.3 物资利用策略

1）建筑材料

　　废弃的砖瓦可被用作人工水道、排水沟、地面和隔离墙的建材。破损的砖瓦只是完整性遭到破坏，其坚固性、纹理仍然保留。用废弃的砖瓦作为建材不仅节约资源，还能给建筑带来别具特色的乡土色彩。

2）柴草堆

　　农村每家每户的柴草堆看起来相似，但柴草堆高低有别，像一座座小房屋与村民的大房屋相邻。柴草堆源自农作物的秸秆和本土树木，传统的处理方法是焚烧。现在，提倡将柴草堆腐烂作为肥料，既能防止大气污染，又能改善村容村貌。

3）生产工具

　　农村使用的原始生产工具有着与生俱来的乡土气息，根据生产工具的功能与大小可以将其分为很多种，大的生产工具如石磨、牛犁、梯子，小的生产工具如簸箕、镰刀等，将生产工具合理摆放，可以营造与城市完全不同的文化韵味。

4）农作物果实

　　玉米、南瓜、辣椒、冬瓜等可长期存放的农作物果实可以作为景观小品，根据需要有序摆放在特定的位置，既增加了农村的乡土气息，又解决了胡乱堆放的问题。

废弃的砖作为铺地材料

废弃的瓦组成的花纹

石碾作为景观小品

有序堆放的石磨造景

5

1.4 垃圾治理措施

1) 建立收运体系

　　根据村庄分布、转运距离、经济条件等因素，实行"户分类、村收集、乡镇转运、市县处理"的农村生活垃圾收运和处理方式。

2) 完善布局垃圾桶、垃圾回收站

　　行政村建设垃圾集中收集点，配备收集车辆；逐步改造或停用露天垃圾池等敞开式收集场所、设施，鼓励村民自备垃圾桶。充分利用现有生活垃圾处理设施，垃圾回收站规模不足的地方应及时完善布局。

3) 清理陈年垃圾

　　抓住沟渠、田间地头、房前屋后、道路沿线、桥头、林间、景区周边等重点部位，重点清理陈年积存的生活垃圾、建筑垃圾、废弃秸秆杂物等。禁止城市向农村转移垃圾，防止在村庄周边形成新的垃圾场。

4) 排查整治非正规垃圾堆放点

　　开展非正规垃圾堆放点排查整治，重点整治垃圾山、垃圾围村、垃圾围坝、工业污染"上山下乡"。注意做好非正规垃圾堆放点整治全过程中的安全管理和二次环境污染管控。

5) 处理污水

　　清理河道，定时打捞沟塘的有害水生植物，完善导排系统，采用雨污分流，引导雨水就近排入自然水系，引导污水合入下水道。

清理河道、沟渠、墙角、洞穴等地方的陈年垃圾

在村庄内设置垃圾桶和垃圾回收站等设施，便于农村生活垃圾集中回收与处理

加强宣传指导，在村口等位置设置垃圾治理公示牌

6）推行垃圾源头减量

转变生活习惯，以传统菜篮、环保纸袋、无纺布可降解购物袋等替代普通塑料袋，减少"白色污染"。湿垃圾就地堆肥还田；干垃圾包括建筑垃圾和可回收垃圾，建筑垃圾就近填坑、铺路，可回收垃圾卖给废品回收站；有害垃圾单独收集、集中处理。

7）推行垃圾无害化处理

推行卫生化的垃圾填埋、焚烧、堆肥等无害化处理方式。禁止露天焚烧垃圾，逐步取缔二次污染严重的集中堆放、简易填埋以及小型焚烧炉焚烧等处理方式。

8）建立日常保洁管护机制

建立稳定的农村环卫保洁队伍，明确保洁员在垃圾收集、村庄保洁、资源回收、宣传监督等方面的职责。

建立稳定的环卫保洁队伍，制定可读取的环卫标准，加强对村庄环境卫生的监控

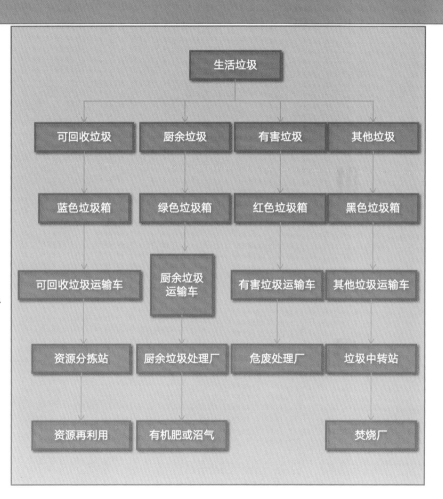

垃圾治理流程图

1.5 环境管理评估

环境管理评估表

序号	考核项目	考核内容	考核标准	自评分	街评分
1	生活垃圾	村湾道路、房前屋后、河渠沟塘等公共场所无暴露垃圾	10分，有违反规定的，每处扣1分，扣完为止。垃圾占地面积1平方米以下记为1处，1—2平方米记为2处		
2	建筑垃圾	无暴露建筑垃圾	10分，有违反规定的，每处扣3分，扣完为止		
3	废弃物	可视范围内无明显废弃物	10分，有违反规定的，每处扣0.5分，扣完为止		
4	容器完好	垃圾桶保持完好	10分，有违反规定的，每处扣1分，扣完为止		
5	旱厕整洁	公共旱厕干净整洁，无积粪、蛆蝇，周围无污水	10分，有不合标准的，每处扣2分，扣完为止		
6	焚烧垃圾	禁止焚烧树叶、垃圾、秸秆、橡胶、塑胶等废弃物	5分，发现1例焚烧扣1分，扣完为止		
7	沿路为市	农村公路路基以内无违法占道、售卖农产品现象	5分，有违反规定的，每个摊点扣0.2分，扣完为止		
8	乱堆乱放	房前屋后无杂物、柴草等乱堆乱放	5分，有违反规定的，每处扣0.2分，扣完为止		
9	违法广告	道路沿线、村内村外无虚假宣传的违法广告	5分，有违反规定的，每处扣0.1分，扣完为止		
10	外墙破损	外墙面无严重破损	5分，有违反规定的，每处扣1分，扣完为止		
11	乱贴乱画	无乱涂写、张贴、刻画现象	5分，有违反规定的，每处扣0.5分，扣完为止		
12	道路破损	通村道路、村内道路路面无影响车辆和行人通行的严重损坏	5分，1平方米及以下记为1处，扣0.5分，1—2平方米记为2处，以此类推		
13	公路晒场	稻谷、棉花等农产品可在公共晒场、农户院内或房前屋后晾晒，不得将公路作为晒场	5分，1平方米及以下记为1处，扣0.5分，1—2平方米记为3处，以此类推		
14	绿化管理	无苗木损毁现象	5分，有苗木损毁的，每处扣1分，扣完为止		
15	生活污水	生活污水排水沟网畅通	5分，有污水横流、明显堵塞的，每处扣1分，扣完为止		
总计					

8

1.6 植物一览表

推荐种植植物一览表

序号	植物名称	种类	生态习性	观赏特性及园林用途
1	探春花	半常绿灌木	喜温暖湿润、向阳的环境和肥沃的土壤	花黄色，花期5月；园景植物，盆景
2	郁香忍冬	半常绿灌木	喜光也耐半阴，好肥沃湿润土壤，耐旱，忌涝	花白色带粉红斑纹，香气浓郁，花期2—3月，观赏树
3	黄金叶	常绿灌木	喜高温，耐旱，喜强光，耐半阴。生长快，耐修剪	绿篱、绿墙、花廊；或攀附于花架上，或悬垂于石壁、砌墙上
4	红花檵木	常绿灌木或小乔木	喜光，稍耐阴，喜湿润、肥沃的微酸性土壤。适应性强，耐寒，耐旱	叶、花均为紫红色，花期4—5月；林缘、山坡路旁栽种
5	瓜子黄杨	常绿灌木或小乔木	耐阴，萌芽力强，耐修剪	绿篱；大型花坛镶边，点缀山石
6	九重葛	常绿攀缘状灌木	喜温暖湿润气候，不耐寒，喜光照充足，喜肥，喜水，不耐旱，对土壤要求不严，短日照植物	种植在围墙、水滨、花坛、假山等的周边，作为防护性围篱；造型图案，盆栽，绿化
7	马尾松	常绿乔木	强阳性，喜温暖气候，宜酸性土壤	造林绿化，风景林
8	杜英	常绿乔木	喜温暖、阴湿环境，要求排水良好、湿润肥沃的土壤	树冠卵圆形，花期6—7月；绿化树
9	红豆杉	常绿乔木	喜温暖多雨气候	树形端正，可孤植或群植或作为绿篱
10	椤木石楠	常绿乔木	耐阴	花白色，果实黄红色；作为刺篱
11	柳杉	常绿乔木	中性，喜温湿气候及酸性土壤	树冠圆锥形，列植，丛植，风景树
12	杉木	常绿乔木	中性，喜温暖湿润气候及酸性土壤，速生	树冠圆锥形，园景树，造林绿化
13	中华常春藤	常绿藤木	极耐阴，有一定的耐寒性，对土壤和水分要求不高，喜酸性土壤	绿叶长青；攀缘墙垣、山石等
14	构骨	常绿小乔木或灌木	弱阳性，抗有毒气体，生长慢	绿叶红果；基础种植，丛植，盆栽
15	雀舌黄杨	常绿小乔木或灌木	中性，喜温暖，不耐寒，生长慢	枝叶细密；庭院观赏，丛植，绿篱，盆栽
16	栀子花	常绿小乔木或灌木	中性，喜温暖气候及酸性土壤	花白色，浓香，花期6—8月；庭院观赏，花篱
17	铁线蕨	多年生常绿草本植物	喜温暖、湿润和半阴环境，不耐寒，忌阳光直射。喜疏松、肥沃和含石灰质的沙质土壤	盆栽，切叶材料及干花材料
18	美人蕉	多年生球根草本花卉	不耐寒	绿化，片植，行植
19	金叶女贞	落叶灌木	喜光，稍耐阴，较耐寒，抗有毒气体	绿篱，庭院栽植观赏
20	木瓜海棠	落叶灌木	喜光，能耐阴，耐寒耐旱，不耐水涝	花猩红或淡红间乳白色、果大；孤植，丛植
21	重瓣白玫瑰	落叶灌木	喜光，耐旱，喜肥沃、排水良好的土壤，不耐水湿	花白色，花期5—6月；观赏花卉，花镜、花坛、花篱

9

序号	植物名称	种类	生态习性	观赏特性及园林用途
22	通脱木	落叶灌木	喜光，较耐阴，喜温暖湿润、深厚肥沃的沙质土壤，较耐寒，不耐水湿	叶大、花小色白，果紫黑色；适合路旁、庭院边缘、大树下栽植
23	紫叶小檗	落叶灌木	喜光，稍耐阴，耐寒，对土壤要求不严，在肥沃而排水良好的沙质土壤中生长最好	叶深紫色，春季开小黄花；盆栽观赏
24	枳	落叶灌木或小乔木	耐寒，喜湿润而深厚肥沃的土壤，略耐盐碱，不耐瘠薄干燥或低洼积水	花白色芳香，先叶开花，果球形橙红色，花期4—5月，绿篱
25	合欢	落叶乔木	阳性，稍耐阴，耐寒，耐干旱，耐瘠薄	花粉红色，花期6—7月；庭荫树，行道树
26	无患子	落叶乔木	弱阳性，喜温湿，不耐寒，抗风	树冠广卵形；庭荫树，行道树
27	山皂荚	落叶乔木	阳性，耐寒，耐干旱，抗污染	树冠广阔，叶密荫浓；庭荫树，行道树
28	皂荚	落叶乔木	阳性，耐寒，耐干旱，抗污染	树冠广阔，叶密荫浓；庭荫树
29	苦楝	落叶乔木	好光，喜温暖湿润气候，不耐寒，耐轻微盐碱，不耐干旱	树冠宽阔平展，花大淡紫色；庭荫树，行道树
30	三角槭	落叶乔木	好光，喜温暖湿润的气候，酸、中性土壤均能适应	庭荫树，行道树，密植形成绿篱
31	拐枣	落叶乔木	喜光，较耐寒；在土层深厚、湿润、排水良好处生长快	绿化行道树
32	朴树	落叶乔木	阳性，适应性强，抗污染，耐水湿	庭荫树，盆景
33	苦楝	落叶乔木	好光，喜温暖湿润气候，不耐寒，耐轻微盐碱，不耐干旱	树冠宽阔平展，花大淡紫色；庭荫树，行道树
34	香椿	落叶乔木	喜光，耐寒差，喜湿润肥沃的土壤，耐轻度盐渍土，耐水湿	叶大，花白色芳香，花期5—6月；行道树和庭荫树
35	鹅掌楸	落叶乔木	中性偏阴树种，喜温暖湿润环境，注意避风，耐寒性强，忌高温	花黄绿色，花期4—5月；庭荫树，行道树
36	白玉兰	落叶乔木	阳性树种，略耐阴，较耐寒，喜湿润，怕水淹	叶倒卵形，花先叶开放，花期3月；行道树
37	苦茶槭	落叶乔木	弱阳性，耐寒，耐干燥，忌水涝，抗烟尘	秋叶红色，翅果成熟前红色；庭院风景树
38	中华槭	落叶乔木	好光，稍耐阴，喜温凉湿润气候，喜排水良好土壤	花绿白色，花期5月；观赏树
39	香果树	落叶乔木	好光，幼龄树能耐阴，喜温暖气候和湿润肥沃土壤	花淡黄色，花期7月；庭荫观赏树
40	构树	落叶乔木	阳性，适应性强，抗污染，耐干瘠	庭荫树，行道树；工厂绿化
41	池杉	落叶乔木	喜光树种，耐水湿，抗风力强	树冠狭圆锥形，秋色叶；水滨、湿地绿化

序号	植物名称	种类	生态习性	观赏特性及园林用途
42	水杉	落叶乔木	阳性，喜温暖，较耐寒，耐盐碱，适应性强	树冠狭圆锥形；列植，丛植，风景林
43	落羽杉	落叶乔木	喜温暖湿润气候，喜光，不耐庇荫，特耐水湿	树冠狭锥形；护岸树，风景林
44	金钱松	落叶乔木	喜酸性或沙质土壤，喜光性强，耐寒，不耐干旱	树冠圆锥形，秋叶金黄；庭荫树，园景树
45	白花泡桐	落叶乔木	喜光，宜温凉气候，耐寒，耐旱，耐热，忌积水涝洼	花先叶开放，花冠大，白色，花期4月；行道树，观赏树
46	毛泡桐	落叶乔木	强阳性，喜温暖，较耐寒，耐热，忌积水	白化有紫斑，花期4—5月；庭荫树，行道树
47	泡桐	落叶乔木	阳性，喜温暖气候，耐寒，耐旱，耐热，忌积水，速生	花白色，花期4月；庭荫树，行道树
48	榉树	落叶乔木	弱阳性，喜温暖，耐烟尘	树形优美；庭荫树，行道树，盆景
49	小叶朴	落叶乔木	中性，耐寒，耐干旱，抗有毒气体	庭荫树，绿化造林，盆景
50	榔榆	落叶乔木	弱阳性，喜温暖，耐干旱，抗烟尘及毒气	树形优美；庭荫树，行道树，盆景
51	珊瑚朴	落叶乔木	喜光，稍耐阴，对土壤要求不高	叶宽大，黄绿色，早春布满红色花序，核果橙红色
52	刺槐	落叶乔木	阳性，适应性强，怕荫蔽和水湿，浅根性，生长快	花白色，花期5月；行道树，庭荫树，防护林
53	羊蹄藤	落叶藤本	喜光，较耐阴，适应性强，耐干旱，瘠薄，根系发达，穿透力强，常生于石穴、石缝及崖壁上	篱、墙垣、棚架、山岩、石壁的攀缘、悬垂绿化材料
54	中华猕猴桃	落叶藤本	落叶木质藤本，喜阳光，稍耐阴，较耐寒	花色由白转淡黄色，有香味，浆果褐绿色，花期5—6月；棚架绿化材料
55	葡萄	落叶藤本	阳性，耐干旱，怕涝	果紫红或黄白色，花期8—9月；攀缘棚架、栅篱等
56	多花紫藤	落叶藤本	阳性，耐干旱，畏水涝，主根深，侧根浅	花紫色，花期4月；攀缘棚架、枯树，盆栽
57	五叶地锦	落叶藤本	耐阴，耐寒，喜温湿气候	秋叶红、橙色；攀缘墙面、山石、栅篱等
58	八角枫	落叶小乔木	喜光，稍耐阴，要求排水良好、湿润肥沃土壤	叶卵形，花黄白色；观赏树木
59	青枫	落叶小乔木	较耐阴，耐干旱，不耐水涝，喜湿润肥沃土壤	枝细长紫色、淡紫绿色，花紫色，花期4月；观叶，盆栽
60	李	落叶小乔木	喜光，稍耐阴，耐寒性较强，喜肥沃湿润而排水良好的黏质土壤	花白色，先叶开放，果球状，黄或红色，花期7—8月；观赏果树
61	无花果	落叶小乔木或灌木	中性，喜温暖气候，不耐寒	庭院观赏，盆栽

序号	植物名称	种类	生态习性	观赏特性及园林用途
62	野茉莉	落叶小乔木或灌木	喜光，稍耐阴，耐干燥、瘠薄，对土壤适应性强	花白色，花期5月；观赏树
63	杜鹃	落叶小乔木或灌木	中性，喜温湿气候及酸性土	花深红色，花期4—6月；庭院观赏，盆栽
64	木槿	落叶小乔木或灌木	阳性，喜水湿土壤，较耐寒，耐旱，耐修剪，抗污染	花淡紫、白、粉红色，7—9月；丛植，花篱
65	玉兰	落叶小乔木或灌木	阳性，稍耐阴，颇耐寒，怕积水	花大洁白，花期3—4月；庭院观赏，对植，列植
66	连翘	落叶小乔木或灌木	阳性，耐寒，耐干旱，怕涝	花黄色，花期3—4月，叶前开放；庭院观赏，丛植
67	鸡爪槭	落叶小乔木或灌木	中性，喜温暖气候，不耐寒	叶形秀丽，秋叶红色；庭院观赏，盆栽
68	贴梗海棠	落叶小乔木或灌木	阳性，喜温暖气候，较耐寒	花粉、红色，花期4月，秋果黄色；庭院观赏
69	笑靥花	落叶小乔木或灌木	喜光，稍耐阴，适应性强，耐寒冷、耐干燥、不耐水涝	花小，白色，花期4月；庭院观赏，丛植
70	东京樱花	落叶小乔木或灌木	阳性，较耐寒，不耐烟尘	花粉红色，花期4月；庭院观赏，丛植，行道树
71	金银木	落叶小乔木或灌木	好光，稍耐阴，耐寒，耐干旱，萌蘖性强	花白、黄色，花期5—7月，秋果红色；庭院观赏
72	醉鱼草	落叶小乔木或灌木	好光，喜温暖湿润气候，抗旱、耐寒，亦耐半阴，忌水涝	花紫色，花期6—9月；庭院观赏，草坪丛植
73	小叶女贞	落叶小乔木及灌木	中性，喜温暖气候，较耐寒	花小，白色，花期5—7月；庭院观赏，绿篱
74	鸡血藤	木质藤本	生于灌丛中或山野间，山谷林间、溪边及灌丛中	药用
75	矮小石蒜	球根花卉	喜半阴湿润，耐阳光照射，较耐寒，不耐旱，能耐盐碱	花鲜红色；散于林下、草坪一侧或布置花镜
76	凌霄	藤木	中性，喜温暖，稍耐旱	花橘红、红色，花期6—9月；攀缘墙垣、山石等
77	常春藤	藤木	阳性，喜温暖，不耐寒，常绿	绿叶长青；攀缘墙垣、山石，盆栽
78	天门冬	宿根花卉	多年生攀缘草本植物，喜温暖潮湿环境，生于阴湿的山野、林边，较耐寒	夏季开黄白色花，浆果熟时红色；观叶
79	紫萼	宿根花卉	性强健，耐寒冷，喜阴湿，畏强光直射，耐酷暑	花紫色，花期7—9月；盆栽，观叶，观花
80	阔叶沿阶草	宿根花卉	喜阴湿，不耐涝，宜肥沃、排水良好沙壤土	叶线形，花淡紫，浆果球形碧绿；地被植物
81	麦冬	宿根花卉	喜半阴地，怕阳光直射，较喜肥，也耐寒	叶丛生，花白色，果碧绿色，花期5—8月；地被植物
82	土麦冬	宿根花卉	喜温暖湿润，宜生长于肥沃、排水良好和微碱性的沙壤土	花直立，淡紫色，果黑色；道路、花坛的镶边材料，地被植物

序号	植物名称	种类	生态习性	观赏特性及园林用途
83	菊花	宿根花卉	耐寒，忌积涝，喜光	花色丰富，花坛、花镜、盆花，花期各异
84	刺毛海棠	宿根花卉	喜温暖、湿润的环境，忌土壤水湿或干旱，不耐高温、干燥和强光	叶斜阔心形，花小而不显，花期5—8月；花坛
85	鸢尾	宿根花卉	耐寒，喜向阳，忌积涝，喜腐殖质丰富土壤	花被雪青色或蓝紫色，花期4—6月；丛植或花镜
86	凤仙花	一、二年生花卉	阳性，喜暖畏寒，宜疏松肥沃土壤	花色多，花期6—9月；宜花坛，花篱，盆栽
87	大花三色堇	一、二年生花卉	稍耐半阴，耐寒，喜凉爽	花色丰富艳丽，花期3—5月；花坛，花径，镶边
88	美女樱	一、二年生花卉	阳性，喜湿润肥沃，稍耐寒	花色丰富，铺覆地面，花期6—9月；花坛，地被
89	锦团石竹	一、二年生花卉	阳性，喜高燥凉爽，耐寒，不耐酷热，忌涝，直根性	花色多，花期5—6月；花序长，宜花带，切花
90	石竹	一、二年生花卉	耐寒，不耐酷热，喜向阳环境	花有红、粉红、紫色、白色，花期4—5月；花坛、花镜
91	千日红	一、二年生花卉	阳性，喜干热，不耐寒	花色多，花期6—10月；宜花坛，盆栽，干花
92	牵牛花	一年生蔓生草本花卉	原产亚洲热带，喜光，耐旱，不耐寒，对土壤要求不严	夏秋季常见的蔓性草花，可作小庭院及居室窗前遮阴、篱垣的美化
93	茑萝	一年生藤本花卉	喜温暖，忌寒冷，对土壤要求不严，在肥沃疏松的土壤中生长好	露地栽植，盆栽
94	阔叶箬竹	竹类	丛状散生，高50—60厘米	栽植观赏或地被绿化
95	人面竹	竹类	喜温暖湿润气候，较耐寒，忌水涝，要求排水良好、疏松、肥沃土壤	观赏竹种，盆栽盆景
96	刚竹	竹类	阳性，喜温暖湿润气候，稍耐寒	枝叶青翠；庭院观赏
97	罗汉竹	竹类	阳性，喜温暖湿润气候，稍耐寒，忌水涝	竹竿下部节间肿胀或节环交互歪斜；庭院观赏

1）入口空间

　　入口空间的景观主要以植物为主，如空间较小，则可将植物类型适量增多，乔木、灌木、阔叶、窄叶、有花、无花等类型尽量齐全，与建筑共同围合成一个入口处的灰空间。当植物色彩不够丰富时，可适当以建筑材质的色彩作为补充。

栏杆虚实对比，隔景同时造景

阔叶植物模糊建筑边界

花叶植物丰富景观层次

低矮花草与花叶植物相互呼应

参差的石板路为草地增添韵律

小型芭蕉将墙面一分为二，打破生硬感

低矮草本植物增加庭院边缘韵律感

2）屋顶空间

宽敞的屋顶空间可以为居民提供晾晒农作物的场所，布置成屋顶花园后还可以为居民提供良好的生活环境。因为空间较小，所以植物类型要适量，阔叶、窄叶、有花、无花等类型植物都可以选择。

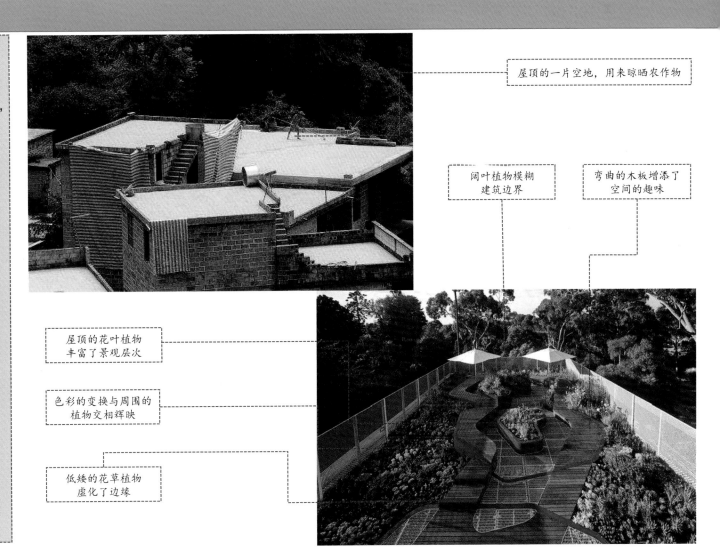

屋顶的一片空地，用来晾晒农作物

阔叶植物模糊建筑边界

弯曲的木板增添了空间的趣味

屋顶的花叶植物丰富了景观层次

色彩的变换与周围的植物交相辉映

低矮的花草植物虚化了边缘

3）庭院空间

内部庭院的植物配置主要以小型植物为主，体量不宜过大，主要以窄叶乔木为主，枝小叶小更能凸显院落的空间。丰富内部院落的景观层次需要配置的植物与庭院小品共同作用，虚实对比，相互呼应。

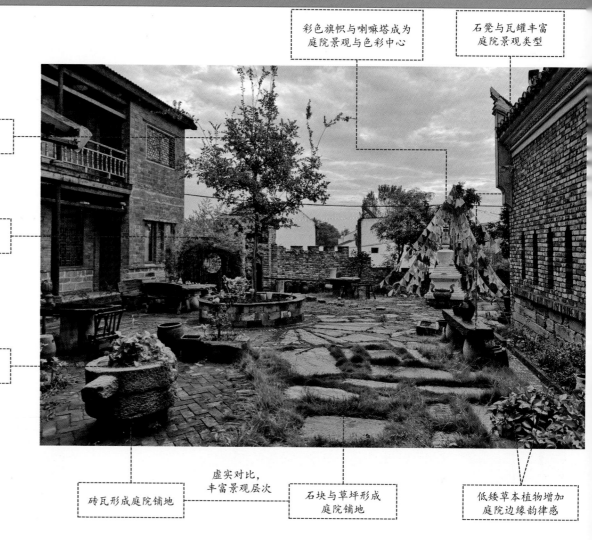

彩色旗帜与喇嘛塔成为庭院景观与色彩中心

石凳与瓦罐丰富庭院景观类型

乔木打破庭院天际线

成片的竹子打破呆板的墙面

石磨加植物构成景观小品

虚实对比，丰富景观层次

砖瓦形成庭院铺地

石块与草坪形成庭院铺地

低矮草本植物增加庭院边缘韵律感

1）安全性

　　建筑大门口前方尽量保持空旷，避免种植高大乔木，防止枯枝掉落伤人。

　　建筑窗户旁避免种植花灌木，防止花粉传播而引起花粉过敏。

　　在电线杆与建筑的空中电线走廊中禁止种植乔木，防止雷雨天气时发生灾害。

　　垂直绿化不用穿墙能力强的植物，防止墙体坍塌。

2）实用性

　　坚持可持续发展，以生态环境为主导，将乡土树种的运用发挥到最大。

　　提倡多种植经济型植物，如采用农作物营造景观，拥有稳定的收益。

3）美观性

　　打破建筑风格单一、呆板的生硬感，利用植物制造变化，打造丰富的层次感和色彩感。

　　利用季相变化，通过种植各种观花、观果等植物，在不同季节展现自然美。

安全性：门前避免种植高大乔木，窗前不种花灌木，电线规整统一，避免乱拉乱牵

实用性：提倡使用乡土树种，利用果树作为景观，在实现经济效益的同时丰富景观色彩层次

天际线

美观性：在建筑物后种植高大乔木，打破平整呆板的天际线。垂直绿化采用南瓜藤等农作物，经济适用

1.9 院落围合方式

1）围墙围合

    以院墙围合建筑或建筑群来形成庭院空间，这是最简单的，也是最有效的围合方式。以砖、瓦、石头为主要材料建造围墙，以酒瓶、花瓶、盘子、农具作为辅助材料装饰围墙。

2）篱笆围合

    篱笆的形态千变万化，根据需求选择不同的筑造方式，形成不同的图案和纹理。篱笆围合的材料来源广泛，主要材料为竹子、木头或树枝。

3）建筑围合

    先在纵轴线上安置主要建筑，再在院子的左右两侧，依照横轴线以两座体形较小的次要建筑相对峙，构成"Π"形或"H"形的三合院；或在主要建筑对面，再建一座次要建筑，构成正方形或长方形的庭院。

以围墙围合院落是最早的、也是最常见的院落围合方式之一，其封闭性强，安全性高

篱笆围合是较为常见的院落围合方式，不仅美观、经济实用，而且材料来源广泛、样式多样

在南方建筑中，由建筑围合成天井院落，一般为家族居住的场所

18

1.10 庭院营造法则

1）空间布局

　　庭院景观在空间布局上应注意主次分明、重点突出。

2）景观规格大小

　　结合景观功能及周边环境的实际情况，配置规格合适的景观。

3）色彩与材质

　　庭院景观在色彩与材质上应能体现村庄的乡土特点，提倡自然生态，就地取材，营造浓郁的乡土风情。

4）标识及照明设施

　　路标、路牌、宣传标语等标识，以及路灯、庭院灯等照明设施应统一管理，在发挥其功能的同时应与周围环境相契合。

不推荐通过涂料做出假穿斗式结构

可保留墙面上具有时代特征的宣传标语

对路标、路牌进行统一设计，在满足功能的同时起到美化环境的作用

盆景以花卉为主要素材，将大自然之美景浓缩于方寸之中

将旧陶罐作为景观摆在合适的位置，彰显了主人的生活趣味

2

新洲区

2.1 新洲区区域环境与特色村落分布

2.1.1 区域环境

　　新洲区是湖北省武汉市的新城区，位于武汉市东北部、大别山余脉南端、长江中游北岸，区内主要有楼寨山地和沙潭河山地，西接武汉市黄陂区，东北靠麻城，东南连黄冈。区域总面积约1500平方公里，地势北高南低。受河库割切，山丘各自成脉，自北向南延伸，自东向西排列。其中：将军山矗立于东北端，海拔约675米；大罗山位于东端，海拔约264米；凤凰山盘踞于东南端，海拔约381米；普安堂古寨屹立于东南端，海拔约192米。

　　新洲区地处北半球中纬度，属亚热带季风气候，四季明显，光照充足，热量丰富，雨水充沛，无霜期长，严寒期短。春季气温回升，日照增加，雨量增多，天气多变，偶有寒潮、冰雹、大风；夏季雨多温高，初夏时有梅雨，盛夏多发伏旱；秋季凉爽，晴多雨少，偶有秋涝；冬季干冷，日照时间短，时有寒潮大风、雨雪冰冻。

地图审图号：鄂S（2018）009号

2.1.2　特色村落分布

武汉市历史文化名村：

① 凤凰镇陈田村　　② 凤凰镇石骨山村

武汉传统村落：

③ 邾城街城东村　　④ 邾城街骆畈村

⑤ 邾城街红峰村　　⑥ 三店街华岳村

⑦ 阳逻街胡咀村

湖北省新农村建设示范村：

① 汪集街茶亭村　　② 汪集街汪集村

③ 汪集街陶咀村　　④ 汪集街西湖村

⑤ 邾城街巴山村　　⑥ 阳逻街竹咀村

⑦ 三店街宋寨村

武汉特色小镇：

① 旧街街 • 问津文化小镇

武汉生态小镇：

② 仓埠街 • 靠山小镇

湖北美丽乡村：

① 辛冲街蔡院村　　② 仓埠街杨岔村

③ 仓埠街上岗村　　④ 旧街街团上村

武汉美丽乡村：

⑤ 仓埠街项山村　　⑥ 潘塘街罗杨村

⑦ 旧街街孔子河村

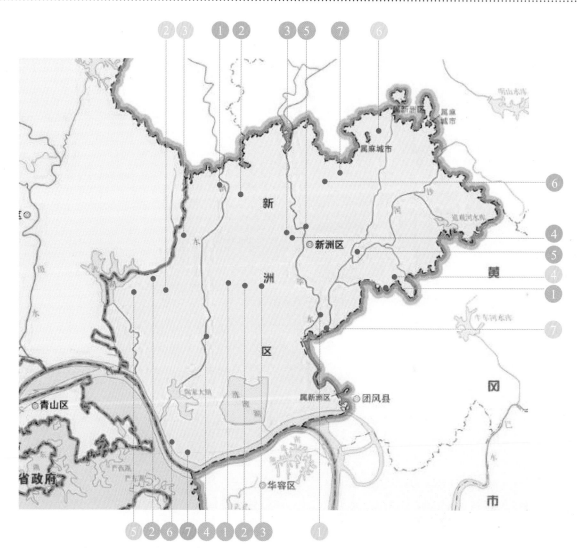

注：地图中黑圆点是对应村落的位置，全书同。　　**地图审图号：鄂S（2018）009号**

22

2.2 新洲区村落分析

2.2.1 特色原型村落案例：石骨山村

石骨山村老建筑保存较好，无庭院，房前屋后有统一的规划，设有花坛、排水沟等，但由于现在很多建筑已无人居住，杂草丛生。

统一规划的街道　　　　　　　　　　花坛

前院　　　　　　　　　　宅间小路　　　　　　　　　　花坛

2.2.2 特色改造村落案例：靠山小镇

靠山小镇的建筑为徽派建筑风格，有良好的庭院设计、景观规划，围墙较高，且带景窗，公共空间景观优美。

院旁景观

庭院景墙

村口池塘

商铺前院

院旁景观

村落街道

2.3 新洲区整治措施

2.3.1 环境治理

房屋间的距离略宽，加上带有拱门的小片围墙，室外环境空间层次丰富（摄于细李湾）

小片围墙与自家菜地结合，形成舒适的小庭院（摄于细李湾）

在道路旁的墙面上喷涂特色标语（摄于细李湾）

房前有特色的开放式院落，小径有曲有直（摄于靠山小镇）

用废旧材料做成的道路边界（摄于细李湾）

房后大片绿地，界面整齐（摄于细李湾）

2.3.2 物资利用

利用小青瓦进行平面构成，形成景窗（摄于靠山小镇）

围墙脊部用砖瓦堆叠起来，很有特色（摄于李集街）

围墙用旧红砖和碎石堆砌而成，富有层次感（摄于李集街）

矮墙用红砖填充构成的图案（摄于细李湾）

旧的门槛通过覆盖玻璃盒子的方式保留下来，旧门刷上漆，保留了以前的样式（摄于问津书院）

用废旧塑料盒种植花草（摄于李集街）

2.3.3 垃圾治理

老祠堂门前的杂草应当清除干净，保持立面整洁（摄于郭希秀湾）

将不用的瓦片堆积整齐，废弃水缸可作为门前景观（摄于陈田村）

应当整治门前晒场，使房前空地整洁干净（摄于罗家湾）

鼓励矮院墙内种植藤本植物，可以对暂时没有处理的生活垃圾进行适当遮掩（摄于细李湾）

巷道上堆积的废石料应当尽快清除（摄于郭希秀湾）

可以清理剧院里的杂物，将剧院利用起来（摄于李集街）

27

2.3.4 植物景观

景观植物修剪成型（摄于靠山小镇）

院墙内种植高大的乔木，可改善庭院小气候（摄于靠山小镇）

院墙外种植橘子树，使得外部环境十分宜人（摄于靠山小镇）

矮院墙内种植当地的灌木，凸显当地特色（摄于细李湾）

村民种植的蔬菜成为具有特色的花坛景观（摄于细李湾）

门前庭院精心设计的景观与建筑相得益彰、和谐共生（摄于靠山小镇）

2.3.5　院落围合

墙面的虚实、高矮、轮廓变化交相辉映，富有古典风味（摄于细李湾）

围墙材料的选取应和建筑单体、大门以及周边环境和谐一致（摄于细李湾）

采用当地的特色材料来修建围墙（摄于李集街）

墙面颜色统一，但是绘画风格各有不同（摄于细李湾）

镂空的墙面形成虚实关系，视线时而穿透，时而被遮挡（摄于细李湾）

材料本身的砌筑可构成特定的肌理，富有当地特色（摄于李集街）

2.3.6　庭院营造

采用不规则的石材铺地，一定程度上复原了老村落的道路（摄于靠山小镇）

铺地所用的砖块与院墙的砖块大小类似，形成视觉上的连续感（摄于靠山小镇）

采用当地石材铺地，空间和谐统一（摄于孔子河村）

用板石铺地，颜色与墙面近似又有所不同，丰富了视觉层次（摄于孔子河村）

两种铺地石材的结合丰富了视觉效果，给行人以空间上的划分（摄于靠山小镇）

采用颜色和材质不同的材料铺地，兼具现代感和当地特色（摄于细李湾）

2.3.7 生活场景

在门前晾晒花生，将芝麻秆立起来靠墙晾晒（摄于郭希秀湾）

在门前晾晒松针（摄于石骨山村）

村民在房前屋后自然形成的小院内聊天闲话（摄于石骨山村）

将家禽散养在自家庭院内（摄于靠山小镇）

老房子里的小天井，采光良好，墙壁周围摆满常用工具（摄于郭希秀湾）

村民在门口做家务（摄于郭希秀湾）

31

2.3.8 环境管理

在文物保护单位建筑前立石碑（摄于仓埠街）

在历史建筑外墙上挂标识牌（摄于郭希秀湾）

在老街的池塘旁竖立安全警示牌（摄于郭希秀湾）

采用仿古路灯，古色古香（摄于靠山小镇）

公共建筑前设立木质的标识牌，具有乡土气息（摄于问津书院）

采用太阳能路灯（摄于问津书院）

2.4 新洲区整治图集

2.4.1 方案一：矮墙围合形式

1）房前

　　尽可能多地利用建筑与道路之间的空隙地带，布置条形花坛，摆放特色小品，悬挂趣味指示牌等。

指示牌

路灯

花坛

小品

道路

1 路灯选型

2 小品选型

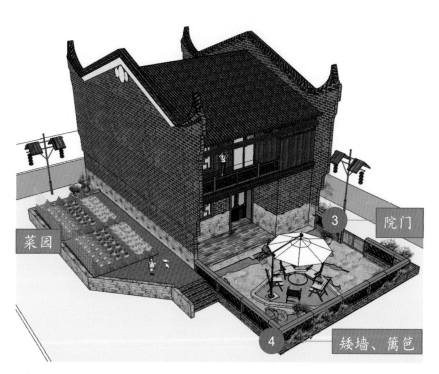

菜园

3 院门

院门

4 矮墙、篱笆

矮墙、篱笆

3 院门选型

4 矮墙、篱笆选型

2）屋后

　　用篱笆隔出院落，可供休息、养殖家禽、晾晒农作物；宅旁单独辟出种植区域，满足农户种植需要的同时，与后院的休憩区域互不干扰。

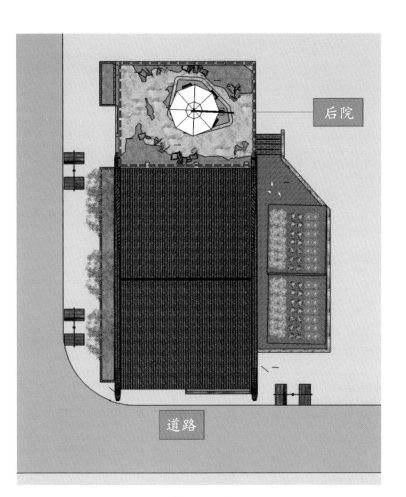

总平面图

后院

道路

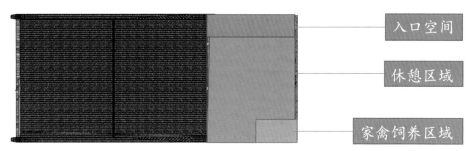

入口空间

休憩区域

家禽饲养区域

入口空间

休憩区域

2.4.2 方案二：宅前隙地形式

建筑与道路之间空间较小时，多使用绿化景观进行分隔，宅前可摆放水缸、水罐等特色小品，以及吊椅、整套桌椅等休憩设施。

行道树

路灯

道路

① 休憩设施选型

② 铺地选型

宅前设置指示牌、中式路灯等，为宅前空间增加趣味。

道路

3 指示牌选型

4 植物选型

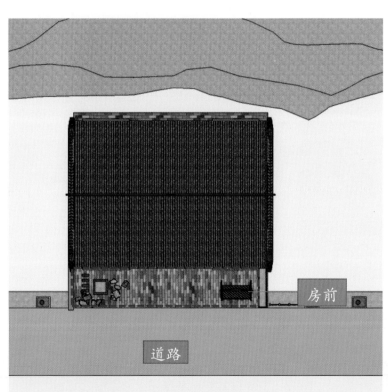

总平面图

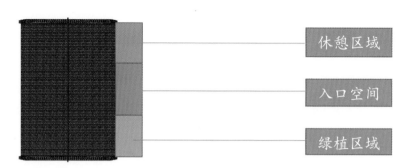

休憩区域

入口空间

绿植区域

休憩区域

绿植区域

2.4.3 方案三：建筑围合形式

道路

① 大门选型

② 围墙选型

③ 铺地选型

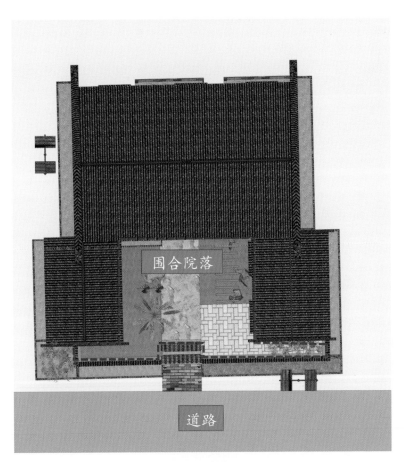

围合院落

道路

总平面图

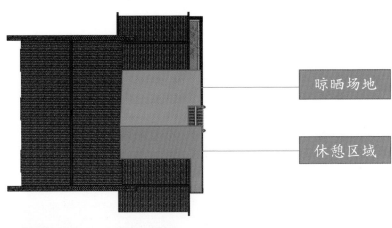

晾晒场地

休憩区域

晾晒场地

休憩区域

3

江夏区

3.1 江夏区区域环境与特色村落分布

3.1.1 区域环境

  江夏区隶属于湖北省武汉市，地处长江东岸，位于武汉市南部，与鄂州、咸宁相邻。中华民国时期，为纪念辛亥革命，改江夏县为武昌县。1975年11月武昌县划入武汉市。1995年3月，撤销武昌县，设立武汉市江夏区。

  江夏区位于江汉平原向鄂南丘陵过渡地段，中部为丘陵，两侧为平坦的冲积平原，其中西侧为鲁湖—斧头湖水系，东侧为梁子湖水系。

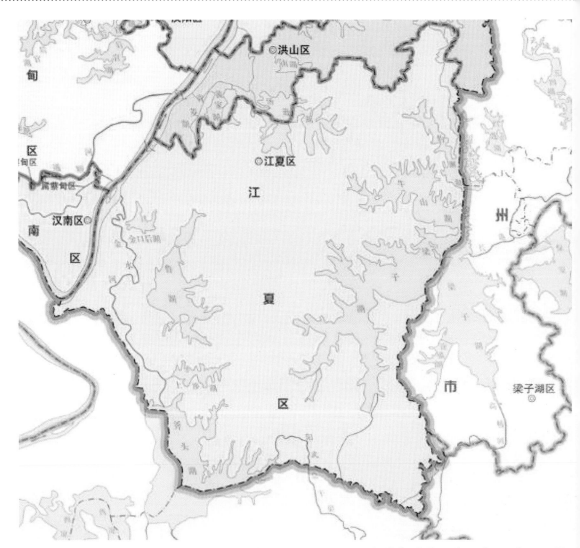

地图审图号：鄂S（2018）009号

42

3.1.2 特色村落分布

湖北省新农村建设示范村：

① 山坡街光星村　　② 金口街严家村
③ 流芳街二龙村　　④ 乌龙泉街四一村
⑤ 法泗街大路村　　⑥ 山坡街高峰村

武汉特色小镇：

① 金口街·鲁湖零碳小镇

武汉生态小镇：

② 郑店街·袜铺湾康养小镇
③ 五里界街·月亮湾小镇

湖北美丽乡村：

　五里界街童周岭村　　法泗街东港村

武汉传统村落：

① 金口古镇　　② 乌龙泉街勤劳村
③ 乌龙泉街张师湾　　④ 湖泗街浮山村
⑤ 湖泗街夏祠村　　⑥ 山坡街大咀渔业村
⑦ 五里界街小朱湾

地图审图号：鄂S（2018）009号

43

    特色改造村落小朱湾的改造策略：将废旧生活用品作为装饰物，增添了生活气息。多种植物组合搭配，结合当地的特色植物如荷花，以及现代的盆栽植物。根据邻里关系和位置地形对院落空间进行改造和设计。

饲养家禽

村间小径

庭院小景

湖水景观

路边花坛

房前院落

3.3 江夏区整治措施

3.3.1 环境治理

屋前杂草丛生，绿化植被需进行有序整理（摄于夏祠村）

废弃木材的胡乱堆放，应进行规整和利用（摄于勤劳村）

电线牵搭杂乱，既影响美观，又存在安全隐患，有待改善（摄于大咀渔业村）

一些承载历史信息的标语被遮盖，建议还原（摄于浮山村）

道路旁杂草丛生，建议修整植被、修缮道路（摄于浮山村）

空地未被利用，可考虑改造成活动空间（摄于夏祠村）

3.3.2 物资利用

老旧的竹材可以用来装饰景墙（摄于小朱湾）

旧陶罐可以作为花坛，装点庭院空间（摄于小朱湾）

废弃的砖瓦可收集起来，用来铺地、装饰建筑、构建小品等（摄于小朱湾）

旧酒瓶用来装饰庭院，可以增加生活气息（摄于小朱湾）

废弃的砖块可以用来铺地（摄于小朱湾）

石磨、水缸等生活器具可用于营造庭院景观（摄于小朱湾）

3.3.3 垃圾治理

旧瓦片随意堆放，可结合景观设计充分利用旧瓦片（摄于夏祠村）

现有垃圾桶没有分类，应实行垃圾分类处理，提高垃圾的回收利用率（摄于浮山村）

建立稳定的村庄保洁队伍，明确保洁员的职责（摄于小朱湾）

清理陈年垃圾，收拾闲置的老房子，恢复老房子的利用价（摄于浮山村）

3.3.4 植物景观

应集中处理水塘中的绿藻（摄于浮山村）

当地庭院可结合廊架种植藤蔓植物，营造舒适的人居环境（摄于小朱湾）

在庭院种植本地植物，例如荷花等，可以起到点缀作用（摄于小朱湾）

应选择性保留水塘中的植被，如荷花、睡莲、芦苇等，使水塘可观可游（摄于浮山村）

在建筑立面上进行垂直绿化，丰富庭院空间层次（摄于小朱湾）

利用当地特色植物进行景观营造，如营造竹林景（摄于浮山村）

3.3.5　院落围合

在院墙上使用不同的材料，呈现丰富多变的景象（摄于小朱湾）

使用一些原始材料，可以呈现浓厚的乡土气息（摄于小朱湾）

石材和压制砖的叠加效果（摄于小朱湾）

在院墙上适当做些镂空景墙，可以增加空间的层次感（摄于小朱湾）

在整面墙上适当镶嵌一些石头或陶罐等物件，增加趣味性（摄于小朱湾）

用石头垒砌成低矮的院墙，也是一种简单有效的装饰办法（摄于新窑村）

3.3.6 庭院营造

铺地的关键在于使用多种材料，使地面肌理富于变化（摄于小朱湾）

在普通的铺地材料中镶嵌一些红砖和青砖，能获得特殊的效果（摄于小朱湾）

在铺地时，适当拼接各种图案，可增加地面肌理的丰富性（摄于小朱湾）

适当保留沙土地，将其作为娱乐活动的场所（摄于小朱湾）

3.3.7 生活场景

房前是村民聊天的好场所，也是最具农村特色的地方（摄于勤劳村）

村民在空地上整理刚刚收获的芝麻（摄于勤劳村）

老奶奶在房前的空地上捆柴草（摄于张师湾）

村民在房前护栏上晾晒刚刚捕捞的鱼（摄于大咀渔业村）

村民赖以生存的工具——渔船就放在房前的空地上（摄于大咀渔业村）

村民饲养家禽的棚舍就设在庭院的角落（摄于勤劳村）

3.3.8 环境管理

在村口设置醒目的雕塑，用来镌刻村庄的名称，起到良好的标识作用（摄于小朱湾）

在农家乐门前设置合适的招牌，会更吸引客流（摄于小朱湾）

在建筑的山墙上粉刷大面积的特色标语和壁画，可以提升村庄的整体形象（摄于小朱湾）

村民自己经营的农家乐，可别出心裁地使用趣味性的名字作为招牌（摄于小朱湾）

3.4 江夏区整治图集

3.4.1 方案一：矮墙围合形式

1）房前

　　将村庄的特色风格最大限度地展示在房前，包括铺地、路灯以及指示牌和景观小品等，营造良好的房前氛围。

小品

铺地

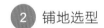 小品选型

铺地选型

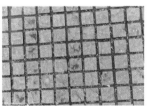

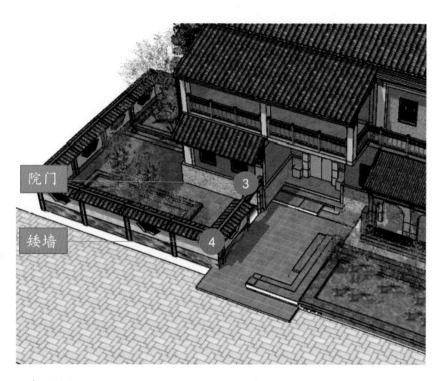

院门

矮墙

③ 院门选型

④ 矮墙选型

2）屋后

　　屋后是村民生活的附属空间，一般不布置过多景观，用院墙围合出空场地，用来种植花卉和饲养家禽等。

3）宅旁

　　宅间距较小时，一般通过种植花草树木来布置。

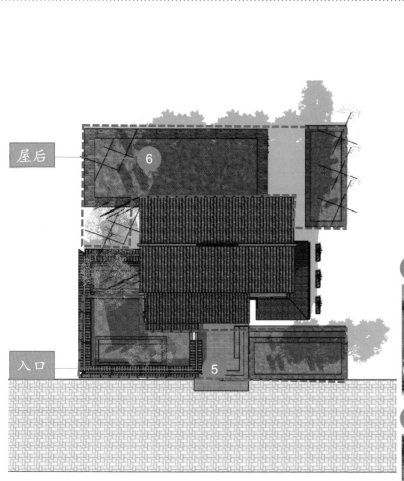

屋后

⑥

入 口

⑤

总平面图

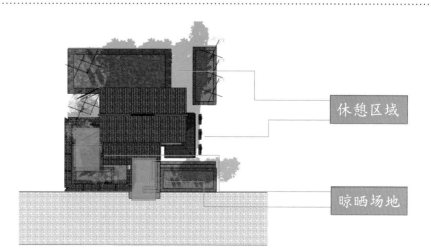

休憩区域

晾晒场地

⑤ 入口空间

⑥ 屋后区域

3.4.2 方案二：砖墙围合形式

利用建筑与道路
之间的空隙地带，布
置花坛、菜地，摆放
特色小品，如路灯、
指示牌等。

路灯

小品

道路

1 路灯选型

2 小品选型

菜园

矮墙

③

道路

用矮墙和篱笆等隔出院落空间，在美化环境的同时，确保私密空间不受过往车辆和行人的干扰。

③ 砖墙选型

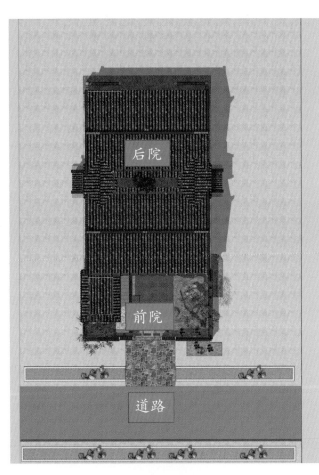

总平面图

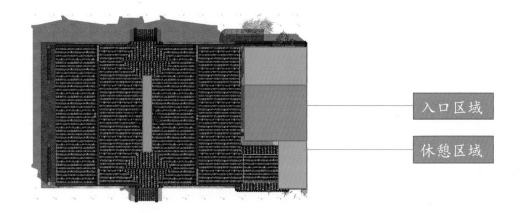

入口区域

休憩区域

入口区域

休憩区域

3.4.3　方案三：L形院落形式

在建筑围合出的院落中，使用绿植优化居住环境。宅前亦可摆放水缸、盆景等特色小品。

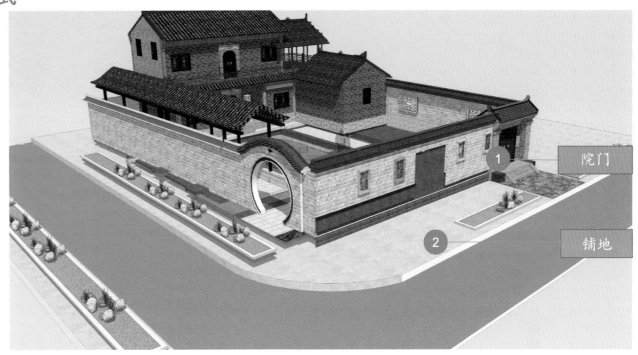

院门

铺地

① 院门选型

② 铺地选型

植物、院门、指示牌的选取都应符合区域特色，既能反映主人良好的审美情趣，又符合居住需求。

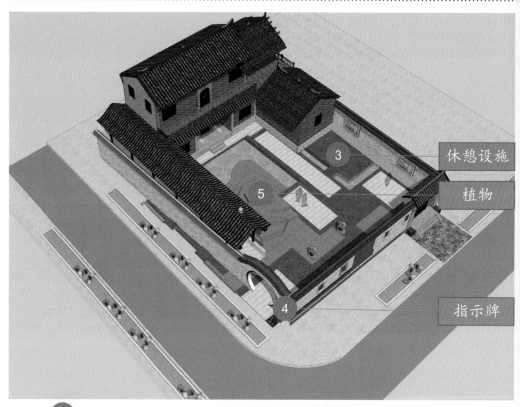

休憩设施

植物

指示牌

3 休憩设施选型

4 指示牌选型

5 植物选型

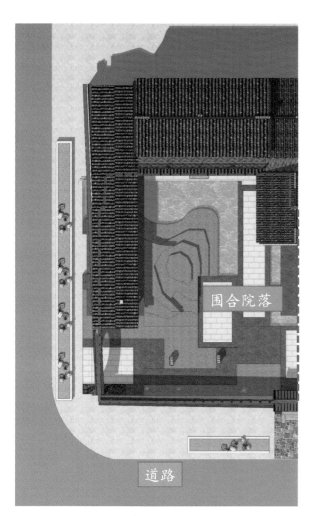

围合院落

道路

总平面图

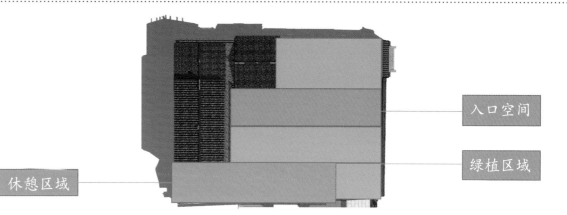

入口空间

绿植区域

休憩区域

休憩区域

绿植区域

黄陂区

4.1 黄陂区区域环境与特色村落分布

4.1.1 区域环境

黄陂区位于湖北省东部偏北、武汉市北部，区域总面积约2261平方公里。

黄陂区位于长江的中游，大别山南麓，地势北高南低，为江汉平原与鄂东北低山丘陵接合部。

黄陂区水资源丰富，拥有"百库千渠万塘"之称，有长江、滠水等31条河流，以及武湖、后湖等35个湖泊。

黄陂区 属 亚热带季风气候，雨量充沛，光照充足，热量丰富，四季分明，年均日照时数1917.4小时，年均无霜期255天，年均降水量1202毫米，为中南地区降水量较均衡的地区。

地图审图号：鄂S（2018）009号

4.1.2 特色村落分布

中国历史文化名村：

① 木兰乡大余湾

湖北省历史文化名村：

② 蔡榨街蔡官田村

武汉市历史文化名村：

③ 王家河街汪西湾　④ 王家河街罗家岗村

⑤ 王家河街文兹湾　⑥ 罗汉寺街邱皮村

⑦ 长轩岭街张家湾　⑧ 长轩岭街谢家院子

⑨ 王家河街翁杨冲

湖北省新农村建设示范村：

① 蔡店街刘家山村　② 前川街油岗村

③ 武湖街高车畈村　④ 长轩岭街官田村

⑤ 天河街红湖村　⑥ 天河街珍珠村

⑦ 前川街雷段村　⑧ 祁家湾街送店村

⑨ 蔡店街道士冲村

武汉生态小镇：

① 王家河街·银杏山庄

② 木兰乡·大余湾明清风情小镇

湖北美丽乡村：

① 蔡榨街杨家石桥村　② 木兰乡芦子河村

③ 罗汉寺街皇庙村　④ 前川街火庙村

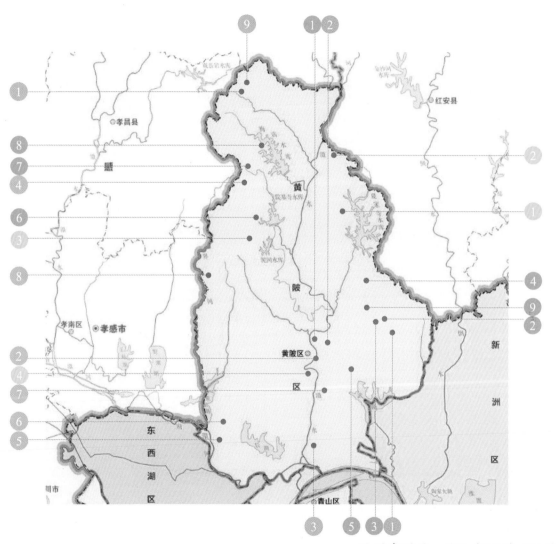

地图审图号：鄂S（2018）009号

64

4.2 黄陂区村落分析

4.2.1 特色原型村落案例：大余湾

大余湾建筑保存良好，立面修缮较少，绿化植被多，但部分路面破损严重，剩余建筑材料随意堆放。

民居前院环境较好

民居入口立面有部分修缮

民居前院的景观营造了整洁优美的环境

村内水道有垃圾

部分地面破损严重

宅旁随意堆放剩余的建筑材料

4.2.2 特色改造村落案例：葛家湾

葛家湾环境优美，景观视线好，保留建筑和改造建筑风格统一，但部分改造建筑墙体颜色不统一。

庭院铺地统一又富有变化

内街整洁干净

新旧建筑相得益彰，门前铺草坪和石板

设置屏风作为景观墙

房前池塘整洁干净并加修栏杆

房前干净整洁

66

4.3 黄陂区整治措施

4.3.1 环境治理

屋前杂草丛生，绿化植被需有序整理（摄于文兹湾）

废弃木材胡乱堆积，可将其作为景观材料（摄于文兹湾）

屋前杂草丛生，无序的生活场景有待改善（摄于文兹湾）

建筑周边景观层次单一，可种植多种植物（摄于蔡榨村）

废弃建筑材料胡乱堆积，应进行整合与利用（摄于蔡官田村）

屋后空地未被利用，可考虑改造成丰富的敞开式活动空间（摄于蔡官田村）

4.3.2　物资利用

水缸再利用变成盆景，不同尺寸的盆景可以形成景观组团（摄于葛家湾）

石磨盘可用来铺地，增加地面的趣味性（摄于葛家湾）

废弃的砖瓦应收集起来，可以用于铺地、装饰建筑、构建小品等（摄于蔡吴湾）

用竹篮营造的墙面景观（摄于葛家湾）

废弃的瓦片可以用来围合树池（摄于龚家大湾）

石磨、水缸等生活器具被用于庭院景观的营造（摄于大余湾）

4.3.3 垃圾治理

对水中已有的垃圾进行打捞，果皮、枝叶、厨余垃圾等可降解的有机垃圾应就近堆肥处理（摄于大余湾）

清理陈年垃圾，收拾长久闲置的老房子，充分利用老房子的价值（摄于赵家畈村谢家院子）

畜禽养殖废弃物综合利用（摄于木兰乡）

逐步改造或停用露天垃圾池等敞开式垃圾收集场所、设施，鼓励村民自备垃圾收集容器（摄于木兰乡）

4.3.4 植物景观

应集中处理水塘中的绿藻，并种植适宜的观赏性水生植物（摄于胜天村）

当地家庭可选择蔷薇、杜鹃、小檗、冬青、海桐、合欢、月桂及部分果木等进行种植（摄于龚家大垸）

规范整齐的菜畦也是乡村美丽景观的一个重要组成部分（摄于葛家湾）

水塘中应选择性种植水生植物，如荷花、睡莲、芦苇等，并清理岸边杂草，使水塘可观可游（摄于胜天村）

樟树树形巨大如伞，能遮阴避凉，是当地房前屋后常见树种之一（摄于罗家岗村）

村内古树应全部保留下来，统一悬挂树木标识牌，用于营造古朴景观（摄于汪西湾）

4.3.5　院落围合

围墙的虚实、高矮变化丰富了庭院的空间层次（摄于葛家湾）

围墙材料的选取应和建筑单体、大门以及周边环境和谐一致（摄于文兹湾）

镂空的墙面形成虚实关系，视线时而穿透，时而被遮挡，丰富了庭院空间层次（摄于葛家湾）

应注重围墙材料的选取和图案的变化（摄于葛家湾）

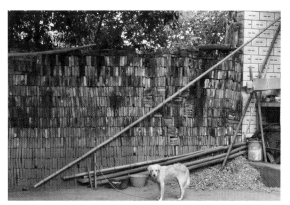

材料本身的砌筑可构成特定的肌理，融入当地特色（摄于汪西湾）

砖、石、木等材料的组合可以打破实体围墙的沉闷，再点缀适量的植物，可增加趣味性（摄于大余湾）

71

4.3.6　庭院营造

铺地石材与挡墙石材一致，形成视觉上的顺延效果（摄于葛家湾）

刻意改变建筑入口处的石材，实现空间上的划分，在雨雪天气有利于排水（摄于葛家湾）

采用当地石材铺地，且与小品石材一致，空间统一和谐（摄于葛家湾）

硬质条石铺地与软质草坪铺地相互渗透，人工环境与自然环境相互融合（摄于葛家湾）

步行街上用两种石材铺地，丰富了视觉效果（摄于葛家湾）

将废弃的石磨、瓦片用来铺地，美观且实用（摄于大余湾）

4.3.7 生活场景

用石板、圆木、石墩等组成一套桌椅，置于庭院一角，此套桌椅材料便于获取，村民也因此有了一个较舒适的休憩闲聊场所（摄于大余湾）

饲养猫狗等家畜是当地村民的习惯，应当保留，并为家畜提供活动场地（摄于汪西湾）

庭院既满足了村民生活需求，又为家禽提供了活动场所（摄于赵家畈村谢家院子）

门外可晾衣、置伞、休憩纳凉，入户处的微空间是村民日常生活的重要场所（摄于罗家岗村）

农作物的晾晒空间是庭院的重要组成部分，设计时应考虑村民的需求（摄于罗家岗村）

庭院设计时应当考虑农用车和农具的放置空间，为村民日常生活提供便利（摄于大余湾）

4.3.8　环境管理

经鉴定有保护价值的民居应制作统一的老宅标识牌，以供来访者辨识（摄于大余湾）

村标的样式可以不拘一格，但应采用当地材料，融入当地传统民居元素（摄于大余湾）

路口指示牌应统一样式，并具有地方特色，要指明重要建筑及村民主要活动场所（摄于大余湾）

道路很窄时，可将路灯嵌于每户住宅外墙上，便于村民使用，但应改造外形，使其与传统建筑风格相协调（摄于罗家岗村）

统一样式后的路灯与传统民居十分和谐（摄于大余湾）

民居外墙上的路灯应统一样式，可结合传统手工艺进行设计（摄于文兹湾）

74

4.4 黄陂区整治图集

4.4.1 方案一：矮墙围合形式

1）房前

　　尽可能将村落特色展现在包括铺地、路灯、小品、指示牌等每　处细节上，以营造具有独特魅力的古朴村落氛围。

路灯

小品

道路

① 路灯选型

② 小品选型

院门

菜园

矮墙、篱笆

3 院门选型

4 矮墙、篱笆选型

2）屋后

　　屋后往往是农户生活的附属空间，可用低矮的围篱划分，为饲养家禽、种菜留出足够的空地。

3）宅旁

　　宅旁空间较小时，可以种植花木，用来美化环境。

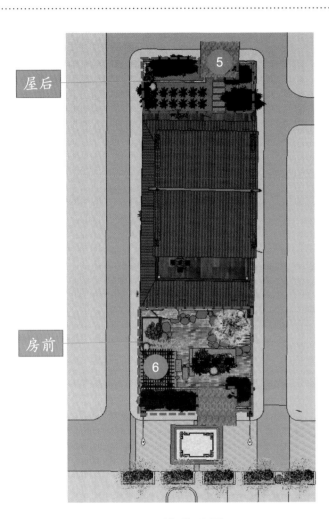

屋后

房前

总平面图

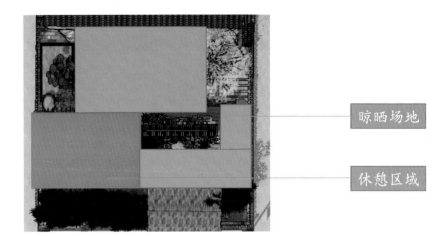

晾晒场地

休憩区域

⑤ 入口空间

⑥ 休憩区域

4.4.2 方案二：实墙围合形式

1）房前

较为封闭的前院能给住户提供更为私密的空间体验，可精心设置小品、花池等，营造更为舒适的居住环境，这样的设置隔绝了院外车行道上的尘土和喧嚣，也为夜晚防盗、避免野生动物侵扰提供了安全保障。

休憩设施

铺地

实墙

景观

1 休憩设施选型

2 铺地选型

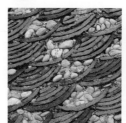
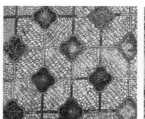
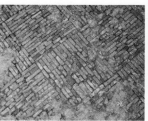

2）屋后

后院可用来种菜、栽果树、饲养家禽，将不同功能的空间有机地联系起来。菜畦可按传统方式排列，也可以按照花池的样式排列，形成二维图案或垂直空间上的层次，使得种菜不仅仅能满足生活需要，还增加了审美情趣。种植果树可选柑橘、蜜柚、枇杷等当地常见树种，也可选择一些带有香味的树种，如栀子、玉桂等。

植物

菜畦

3

4

5

指示牌

3 植物选型

4 菜畦选型

5 指示牌选型

79

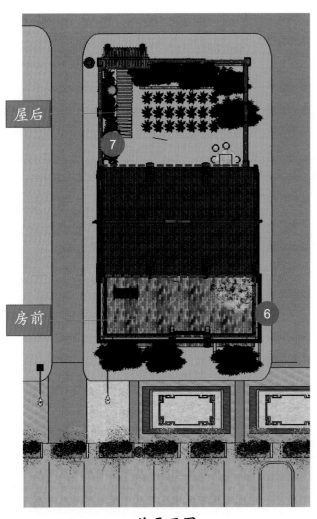

屋后

房前

7

6

总平面图

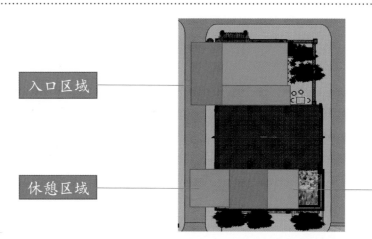

入口区域

休憩区域

绿植区域

6 实墙选型

7 花坛选型

4.4.3 方案三：建筑围合形式

1）房前

　　前院向阳，应尽可能多地留出晾晒空间，这对于黄陂当地的潮湿气候来说，是非常必要的。入口处可设置照壁，作为缓冲。

庭院灯

照壁

 庭院灯选型

② 照壁选型

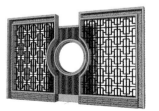

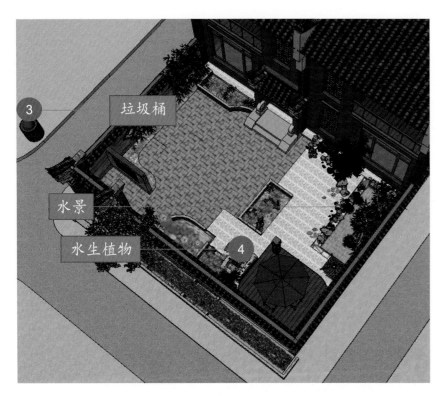

③ 垃圾桶选型

④ 水生植物选型

2）屋后

后院作为农户的休憩区域，若有余地，可设置水池，种植花木，丰富空间层次。为了节约成本，也可种植水稻、莲藕等农作物，其一年四季色彩的变化不仅具有地域性特色，而且会为庭院增添一份悠闲的生活情趣。

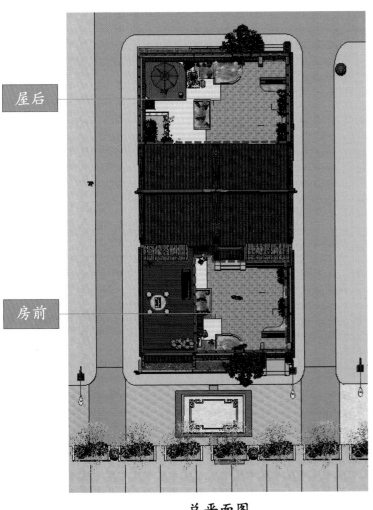

屋后

房前

总平面图

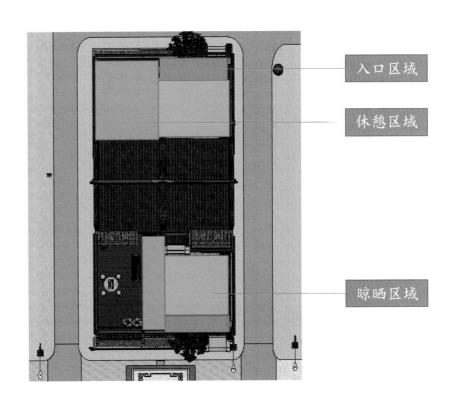

入口区域

休憩区域

晾晒区域

5

蔡甸区

5.1 蔡甸区区域环境与特色村落分布

5.1.1 区域环境

　　蔡甸区位于湖北省东部，武汉市西南部，地处汉江与长江汇流的三角地带，北傍汉江，东濒长江。区域总面积1093.57平方公里，地势由中部向南北逐减降低，中部为丘陵冈地，北部为平原。

　　蔡甸区水资源丰富，河汊纵横，有长江和汉江穿过；湖泊星罗棋布，有大小湖泊57个。

　　蔡甸区气候属北亚热带季风性气候，气温略偏高，降水略偏少，日照偏少。

地图审图号：鄂S（2018）009号

5.1.2 特色村落分布

湖北省新农村建设示范村：
① 奓山街星光村   ② 永安街炉房村
③ 奓山街大东村   ④ 蔡甸街西屋台村
⑤ 大集街大集村   ⑥ 蔡甸街姚家林村

武汉特色小镇：
① 索河街·莲乡水镇
② 玉贤街·园艺小镇

武汉生态小镇：
③ 张湾街·上善美术小镇
④ 景绿网红小镇
⑤ 侏儒山街·六海赛小镇

湖北美丽乡村：
① 索河街丁湾村   ② 张湾街乌梅村

武汉美丽乡村：
① 索河街丁湾村

武汉传统村落：
① 索河街金龙村   ② 索河街长河村
③ 索河街梅池村   ④ 大集街大金湾
⑤ 张湾街上独山村

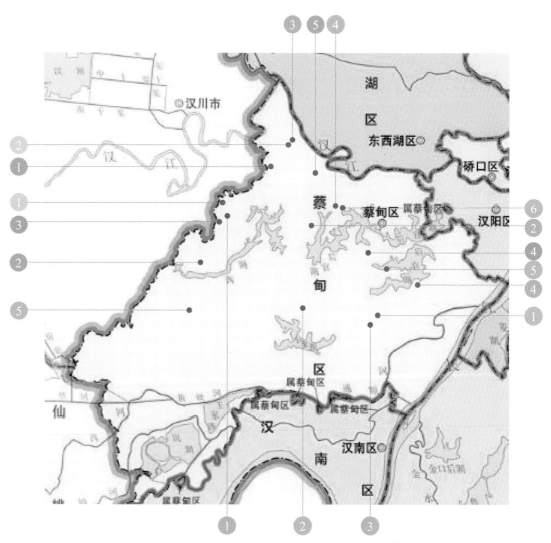

地图审图号：鄂S（2018）009号

86

5.2 蔡甸区村落分析

特色改造村落梅池村位于武汉市蔡甸区索河街境内，区域拥有丰富的山水资源、优美的生态环境和悠久的人文历史。梅池村环境优美，景观小品设计好，保留建筑和改造建筑风格统一，部分改造建筑墙体风格不统一。

生活气息很浓厚的街角

利用旧瓦做的景墙

利用旧砖做的坡道

在山墙上绘制的宣传标语

宅间路

池塘开满了美丽的荷花

5.3 蔡甸区整治措施

5.3.1 环境治理

屋前杂草丛生，绿化植被需有序整理（摄于金龙村）

门前木材胡乱堆放，应整齐堆放（摄于长河村）

胡乱牵搭电线，既影响美观，又存在安全隐患，有待改善（摄于金龙村）

旧墙面被粉刷后失去地方传统风貌，建议还原（摄于金龙村）

道路旁缺乏景观配置，建议种植草坪或其他植物，并规整道路边缘（摄于金龙村）

空地被垃圾占据，清理后可作为活动空间（摄于梅池村）

5.3.2 物资利用

废旧的磨盘可以用作地面、墙面的装饰，增加乡村的生活气息（摄于上独山村）

废旧陶罐可以作为花坛，装点庭院空间（摄于马鞍村）

废弃的砖瓦可收集起来，用于铺地、装饰建筑、构建小品等（摄于上独山村）

把废旧陶罐嵌在墙体中，成为有趣的储物空间（摄于上独山村）

使用回收的旧砖瓦搭建扶手，不仅造价低廉，还具有历史感（摄于上独山村）

石磨、水缸等生活器具被用于庭院景观的营造（摄于上独山村）

89

5.3.3 垃圾治理

旧砖瓦随处堆放，可将其用于景观设计（摄于夏祠村）

现有垃圾桶没有分类，应实行垃圾分类处理，提高垃圾的回收利用率（摄于浮山村）

应收拾长久闲置的老房子，清理陈年垃圾，充分利用老房子的价值（摄于长河村）

给每户村民统一配置分类垃圾桶（摄于长河村）

应设置建材垃圾集中回收点、堆放点（摄于上独山村）

道路边缘铺砖，空间层次分明（摄于梅池村）

5.3.4 植物景观

结合游步道布置不同层次的植物，丰富院落景观（摄于大金湾）

利用趣味建筑小品来布置庭院，营造舒适的环境（摄于大金湾）

在庭院种植本地植物，例如荷花等，可以起到较好的点缀作用（摄于小朱湾）

水塘中应选择性种植水生植物，如荷花、睡莲、芦苇等（摄于梅池村）

在植草砖里种植植物，使绿化立体化（摄于梅池村）

利用当地特色植物进行景观营造（摄于金龙村）

5.3.5 院落围合

院落由一系列平行的片墙围合，与后面的建筑立面相呼应（摄于马鞍村）

围墙材料和建筑立面材料的选取应与周边环境相呼应（摄于马鞍村）

几层平行和垂直关系的院墙共同组合成隐晦曲折的空间入口（摄于马鞍村）

在单一的实体院墙上适当做一些镂空式窗户（摄于大金湾）

制作考究、精致的影壁很好地划分出了公共活动区域（摄于上独山村）

富有特色的弧形院墙组合成院落（摄于长河村）

5.3.6 庭院营造

在水景中布置小桥、树池等景观（摄于马鞍村）

水上汀步可以使游览足迹深入水景之中（摄于马鞍村）

在水景中适当放置船等生活用具，增添生活气息（摄于马鞍村）

水中树池的设置彰显了水景的灵动、活泼（摄于马鞍村）

池塘的岸边可以布置不同层次的绿化（摄于大金湾）

池塘侧壁可以用不同的材料来处理（摄于梅池村）

5.3.7 生活场景

村庄的公共空间是村民休闲的场所（摄于大金湾）

房前的院落空间可以为村民提供喝茶聊天的场所（摄于大金湾）

村庄的公共空间可以为广大村民提供宽阔的集会场所（摄于上独山村）

村民饲养鸡、鸭、鹅等家禽的场所就设置在院落里（摄于长河村）

房前屋后的庭院里可以种植橘子树等经济作物（摄于梅池村）

在村口的公共空间设置健身器材，方便村民进行日常锻炼（摄于大金湾）

5.3.8 环境管理

在村口设置醒目的雕塑，用来镌刻村庄的名称，起到良好的标识作用（摄于梅池村）

在村口设置醒目的雕塑，用来镌刻村庄的名称，起到良好的标识作用（摄于上独山村）

在建筑的山墙上绘制大面积的特色标语和壁画，提升村庄的整体形象（摄于大金湾）

在村庄的重要道路两侧设置古色古香的路灯，可以彰显村庄的整体韵味（摄于梅池村）

5.4 蔡甸区整治图集

5.4.1 方案一：砖墙围合形式

1）房前

对于空间充足的宅前部分，可以采用围合式院落设计，在留有足够农作空间的前提下，合理设计房前空间，增置影壁、小品、绿化等，丰富入户体验，增加院落的空间层次感，提升生活品质。

小品

休憩设施

1 休憩设施选型

2 小品选型

植物

铺地

③

④

入口

③ 植物选型

④ 入口选型

2）屋后

后院既可以作为村民的休憩区域，也可用于种植农作物、养殖家禽、晾晒谷物，从而保障村民的日常农作活动。

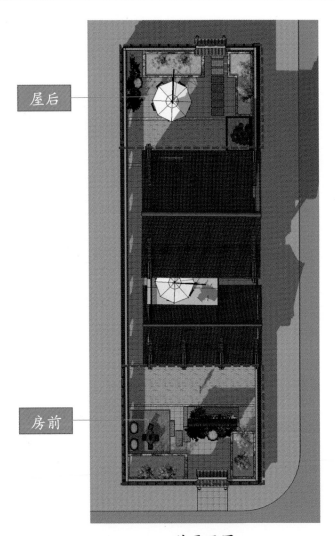

屋后

房前

总平面图

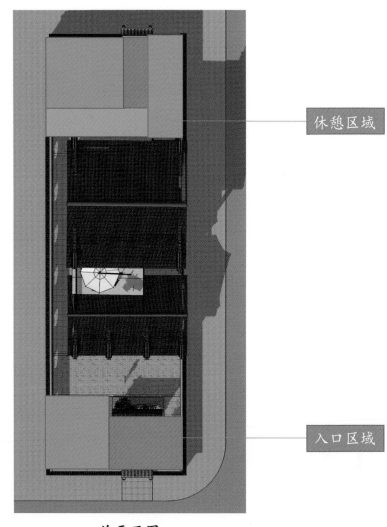

休憩区域

入口区域

总平面图

5.4.2　方案二：实墙围合形式

1）房前

　　前院用实体院墙围合封闭，可以使农户拥有私密性更好的空间。可设置考究的景观小品，如树池、花坛和休息的座椅、秋千等，营造舒适宜人的院落。

铺地

实墙

道路

1 铺地选型

2 实墙选型

2）屋后

　　后院的主要功能是种蔬菜、栽果树和饲养家禽
等。将这些功能区域有机地组合在一起，创造出丰
富、有活力的院落空间。在植物的选择上，要尽可
能选择当地特有的植物。

　　在院墙以及房屋的山墙面上，可以适当使用一
些夯土材料，以增加乡土气息，还可以在墙面上绘
制一些特色彩画，提升整个村庄的形象。

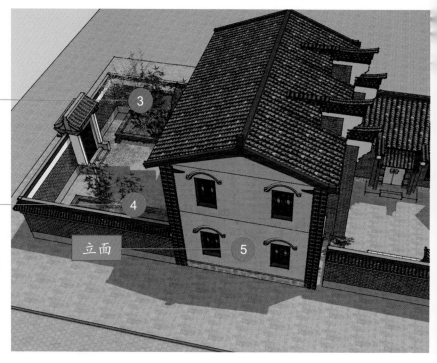

植物

景观小品

立面

③ 植物选型

④ 景观小品选型

⑤ 立面选型

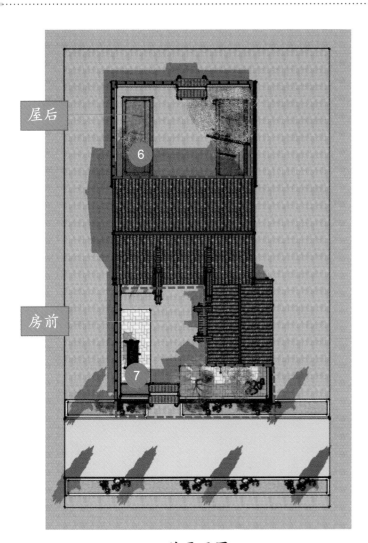

屋后

房前

⑥

⑦

总平面图

休憩区域

入口区域

绿植区域

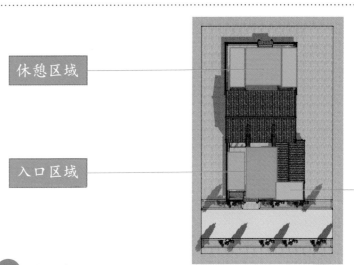

⑥ 花坛选型

⑦ 休憩设施选型

5.4.3 方案三：宅前隙地形式

1）房前

可将临街住宅的宅前空间开放出来，精心设置小品、花池、休憩设施，提供宜人的入户体验，为村民营造更为舒适的休闲娱乐环境，这样有利于保持乡村原有的邻里氛围。

植物

路灯

休憩设施

1 休憩设施选型

2 路灯选型

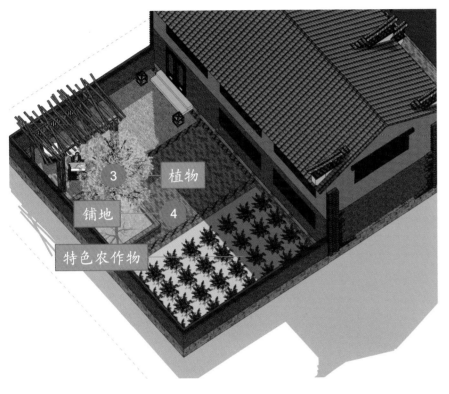

③ 植物选型

④ 铺地选型

2）屋后

后院作为农户的休憩区域，可丰富庭院的空间层次。同时，对于房前空间不够的住宅，后院可提供种植农作物、养殖家禽、晾晒谷物的空间，从而满足农户的日常生活需要。

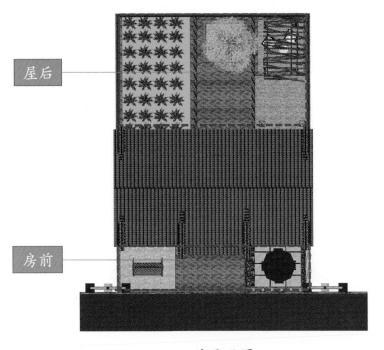

屋后

房前

总平面图

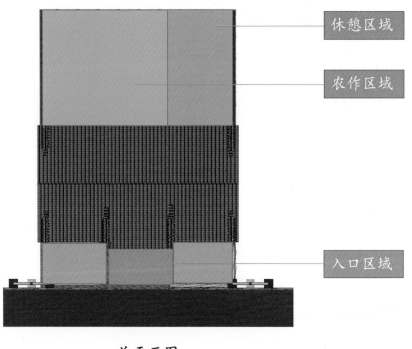

休憩区域

农作区域

入口区域

总平面图

6

汉南区

6.1 汉南区区域环境与特色村落分布

6.1.1 区域环境

汉南区位于武汉市西南部,东南濒临长江,与嘉鱼县、江夏区隔江相望,北面与蔡甸区相邻,以通顺河为界,西面、南面以东荆河为界,与仙桃、洪湖两市相邻。

汉南区东南面沿河,地势高,西北面为腹部,且地势低。东北面丘冈星罗棋布、小湖交错、港汉纵横。东南部、南部及西部为宽阔的平原。

汉南区属北亚热带东亚季风湿润气候,具有四季分明、热量充足、光照适宜、雨量充沛、雨热同季、旱涝交替、无霜期长等特点。

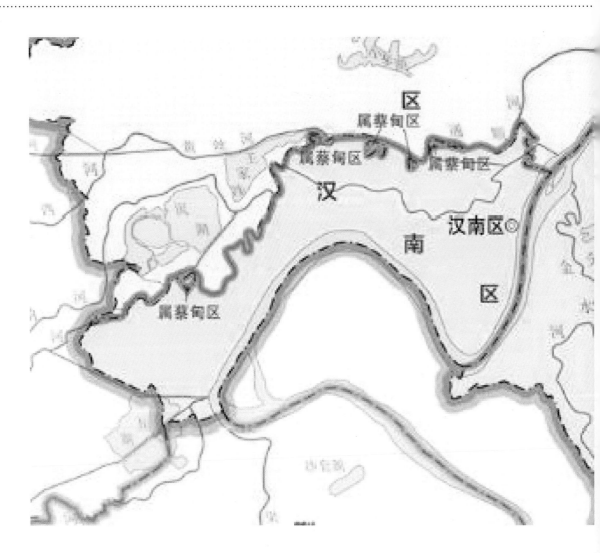

地图审图号:鄂S(2018)009号

6.1.2 特色村落分布

湖北省新农村建设示范村：

① 乌金山社区四大队

② 东荆街沟北大队

③ 湘口街双塔大队

武汉特色小镇：

① 东荆街 · 欧洲风情小镇

武汉传统村落：

① 东荆街乌金大队

② 东荆街东庄大队

③ 邓南街金城村

④ 邓南街水二村

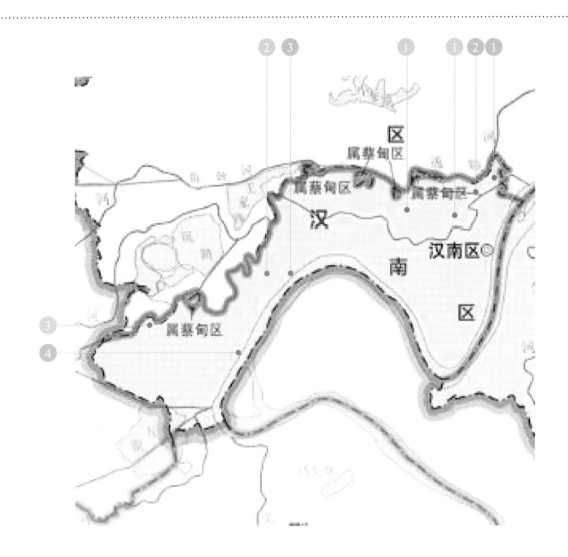

地图审图号：鄂S（2018）009号

6.2 汉南区村落分析

　　特色原型村落水二村南邻长江，二十世纪五十年代在原村落旁重新统一规划建成。大部分房屋保存较好，村内居民较多，生活气息浓郁，生活场景丰富。鲜有人居住的房屋前后杂草丛生，杂物堆叠，一片荒凉景象；尚有人居住的房屋因缺乏统一规划与管理，村民乱搭、乱建各种工棚，显得非常凌乱。

村内街角

宅间院坝

土地庙

晒芝麻秆

晒农作物

晒大蒜

6.3 汉南区整治措施

6.3.1 环境治理

河岸植被层次丰富，但缺少有序整理和规划（摄于乌金山社区）

院内农具应整齐摆放（摄于东庄大队）

屋前院坝层次丰富，但缺少绿植（摄于水二村）

院坝内的有序晾晒可作为生活景观（摄于水二村）

村内公共空间杂草丛生，绿化植被需有序整理（摄于水二村）

屋前空地未被有效利用，可考虑改造成丰富的敞开式活动空间（摄于水二村）

6.3.2 物资利用

院内闲置的农具可以作为景观（摄于乌金山社区）

可将闲置的渔船等生产用具作为景观（摄于东庄大队）

院内闲置的农具可以用来营造景观（摄于东庄大队）

闲置的渔网用来装饰窗户（摄于金城村）

废弃的砖瓦被砌成院墙（摄于金城村）

废弃的砖瓦应收集起来，可以用于铺地、装饰建筑、构建小品等（摄于金城村）

110

6.3.3 垃圾治理

应设置分类垃圾桶（摄于乌金山社区）

应设置再生资源回收点，提高资源利用效率（摄于东庄大队）

对长久闲置的老房子进行收拾，清理陈年垃圾，充分利用老房子的价值（摄于东庄大队）

逐步改造或停用露天垃圾池等敞开式收集场所、设施，鼓励村民自备垃圾收集容器（摄于水二村）

6.3.4　植物景观

根据河岸现有的植被层次，规划河道绿植景观（摄于乌金山社区）

清理庭院内孤植的大树周围的杂草（摄于乌金山社区）

应整理庭院内群植的植物，丰富植物层次，美化庭院（摄于东庄大队）

屋前杂草丛生，应有序整理，可种植绿化植被（摄于东庄大队）

建议院内种植选择果实类、赏花类植物（摄于金城村）

规范整齐的菜畦是村庄美丽景观的重要组成部分（摄于水二村）

6.3.5　院落围合

可以借助两侧邻里宅屋的山墙，形成U形或L形的院落空间（摄于乌金大队）

看似全敞开的前院，实际上在细微之处做了菜园、柴屋、道路等不同功能的划分（摄于金城村）

铁丝网既限定了屋后菜园的边界，又形成了通透的视觉效果（摄于金城村）

通过铺地材质的变化，将院落与周边道路进行划分，还可添加花池或菜畦（摄于金城村）

出于晾晒衣物、药材、农作物等的需要，将院落边界进行了动态划分（摄于金城村）

宅间以菜园相接，菜园与道路间再置一通透隔断，空间关系被有机地划分出来（摄于金城村）

6.3.6　庭院营造

菜畦以旧砖瓦为界线，点滴之间展现出渔村的地方特色（摄于乌金大队）

菜畦内的农作物高低错落，藤蔓爬上铁丝网，变成景墙，路边宜统一种植适宜花木（摄于金城村）

将家禽饲养区与生活区隔离，既维持了村容村貌，又为家禽提供了足够的活动空间（摄于金城村）

屋后的绿植区域应有一定的规划，完全敞开则失去了空间秩序，不利于管理（摄于金城村）

宅屋前院可设菜园或花池，能丰富空间层次，为村民从道路进入宅屋提供舒适的过渡环境（摄于金城村）

当空间不足以设置菜园时，在庭院角落种植少许花木，可起到美化作用（摄于葛家湾）

6.3.7 生活场景

村口商店往往是村民的小型公共活动中心，村民在农闲时常常聚集起来打牌、下棋、闲聊（摄于乌金大队）

秋收的稻谷被铺开晾晒，村民拿着竹耙不时翻动，使其彻底晒干（摄于东庄大队）

村民需要足够的空间来晾晒各种物品（摄于金城村）

农作物被晾晒在宅前（摄于水二村）

现代交通工具为村民的生活提供了极大的便利（摄于水二村）

李氏清代民居的室内陈设（摄于水二村）

6.3.8　环境管理

商铺的招牌宜进行统一设计，使其具有地方特色（摄于乌金大队）

经鉴定具有保护价值的民居应制作统一的标识牌（摄于乌金大队）

门牌可稍加改造，使其更有地方特色（摄于乌金大队）

可为住宅外墙上的路灯安装具有地方手工艺特色的灯罩（摄于乌金大队）

部分外墙上具有年代感的路灯，应进行保护（摄于水二村）

村内路灯应展现村落特色（摄于水二村）

6.4 汉南区整治图集

6.4.1 方案一：矮墙围合形式

1）房前

　　将村落特色元素融入道路、路灯、小品、指示牌中，展示当地特色，营造出怡然的生活氛围。

路灯

小品

1 路灯选型

2 小品选型

3 花池选型

4 矮墙、篱笆选型

2）屋后

    屋后作为生活的附属空间，可用来饲养家禽或种菜，用低矮围篱来划分空间。

3）宅旁

    宅旁空间较大时，可用来晾晒农作物，也可种植花木，美化环境。

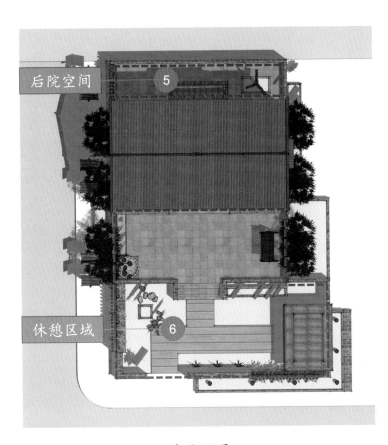

总平面图

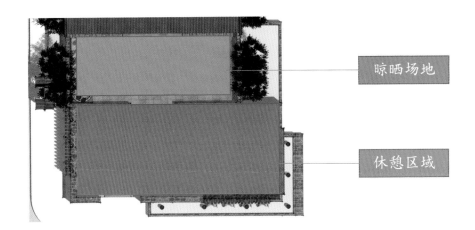

晾晒场地

休憩区域

后院空间

休憩区域

6.4.2 方案二：砖墙围合形式

1）房前

入口处设置曲折的小径，为农家小院增添了一份大自然的野趣；宅前一隅布置廊架，可种植葡萄等藤蔓类花木，供村民夏日乘凉；庭院边缘用矮墙隔断，高低起伏，对行人的视线时而遮挡，时而显露，丰富了空间层次；宅前光照条件良好，也可布置家畜的圈养空间。

鸡笼、狗舍

小品

路灯　①

道路

① 路灯选型

② 小品选型

120

2）屋后

　　屋后三面由建筑围合，一面用矮墙隔断，以改善采光和通风条件，还可以用来晾晒衣物、粮食。

3）宅旁

　　宅旁是村落公共空间的重要组成部分，可种植特色花木。

③ 花坛选型

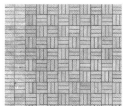

④ 铺地选型

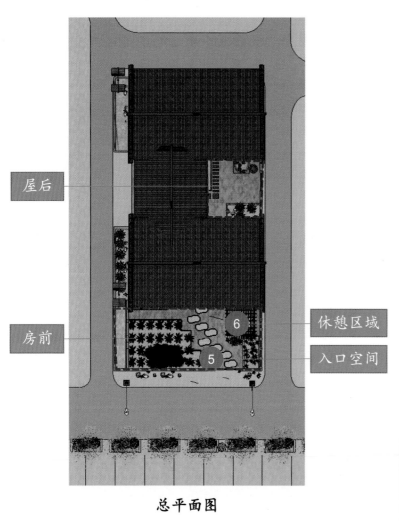

屋后

房前

休憩区域

入口空间

总平面图

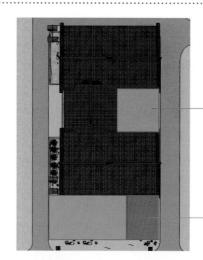

晾晒场地

休憩区域

⑤ 入口空间

⑥ 休憩区域

6.4.3　方案三：前街后院式

1）房前

　　该类住宅的宅前环境整治可参照临街住宅的改造方法，根据村民的生活需要，在较窄的宅前空间布置绿植、休憩座椅，以及矮墙、花坛。铺地用水泥灰砖，和道路有一个清晰的划分。

绿植

铺地

道路

---

1 绿植选型

2 铺地选型

矮院墙　桌椅　院门

2）屋后

　　屋后是村民生活的附属空间，一般不布置过多景观，用院墙围合出空场地，用于种植和饲养家禽等。

3）宅旁

　　宅旁空间较小时，一般通过种植花木、放置休闲座椅等来布置。

3 院门选型

4 矮院墙选型

5 桌椅选型

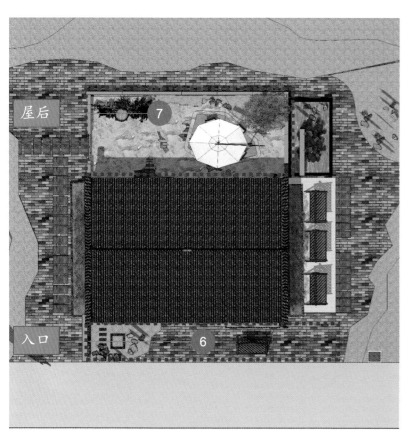

屋后

入口

7

6

总平面图

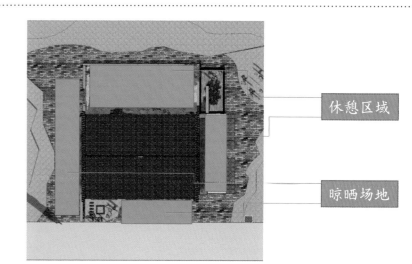

休憩区域

晾晒场地

6 入口空间

7 屋后区域

7

东西湖区

7.1 东西湖区区域环境与特色村落分布

7.1.1 区域环境

东西湖区隶属于湖北省武汉市，地处长江左岸，武汉市的西北部，有汉江、汉北河及府澴河穿过，是古云梦泽的一部分。1958年，东西湖区由汉阳、黄陂、孝感、汉川部分地区组成。区域东西长38公里，南北宽22.5公里，总面积499.71平方公里。2017年常住人口56万人。东西湖区先后获得了湖北省农村党的建设"三级联创"先进区、湖北省"两型"社会改革试验示范区等称号。

东西湖区地貌属岗边湖积平原，四周高、中间低，状如盆碟，自西向东倾斜。

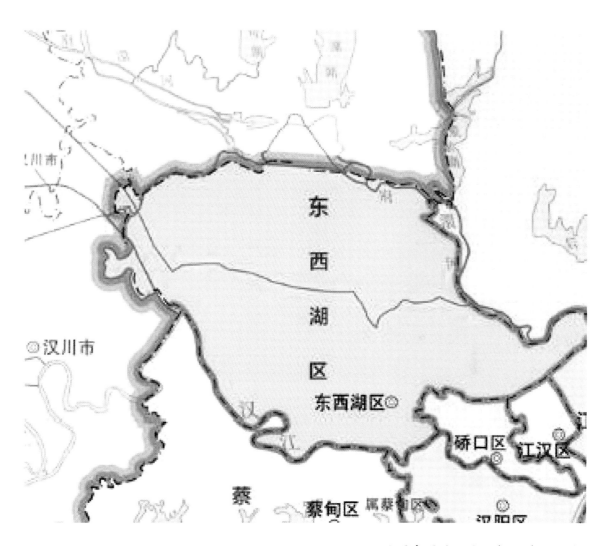

地图审图号：鄂S（2018）009号

7.1.2 特色村落分布

湖北省新农村建设示范村：

① 慈惠街鸦渡大队

② 慈惠街蔡家大队

③ 走马岭街苗湖大队

④ 慈惠街八向大队

⑤ 试验站大队

武汉传统村落：

① 新沟镇街

② 柏泉街茅庙集

③ 慈惠街石榴红村

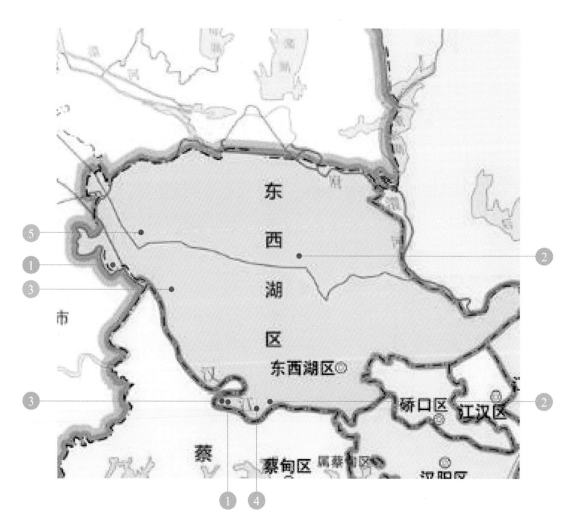

地图审图号：鄂S（2018）009号

128

7.2 东西湖区村落分析

　　特色原型村落新沟镇街的临街建筑多为2—3层，第一层作为商铺，第二、三层用来居住，无公共景观，无庭院，有的建筑前有树木，但基本没有布置景观空间。

蔑匠的工具

正街

房前绿植

窄巷

7.3 东西湖区整治措施

7.3.1 环境治理

宅旁杂草丛生，绿化植被需有序整理（摄于新沟镇街）

废弃木材胡乱堆放，可将其作为景观材料 （摄于石榴红村）

屋前杂草丛生，无序的生活场景有待改善（摄于新沟镇街）

建筑周边景观层次单一（摄于茅庙集）

废弃建筑材料胡乱堆放，应进行整合与利用（摄于新沟镇街）

屋后空地未被利用，可考虑改造成敞开式活动空间（摄于石榴红村）

磨盘再利用变成装饰物，不同尺寸的磨盘可以形成景观组团（摄于石榴红村）

瓦片再利用作为屋脊起翘，增加屋顶的趣味性（摄于石榴红村）

农具作为室内陈设（摄于石榴红村）

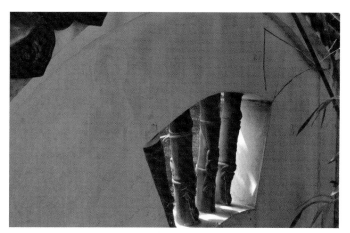

废弃的竹子可以作为镂空景墙的材料（摄于石榴红村）

7.3.3 垃圾治理

对长久闲置的老房子进行收拾，清理陈年垃圾，充分利用老房子的价值 （摄于石榴红村）　　逐步改造或停用露天垃圾池等敞开式收集场所、设施（摄于新沟镇街）

7.3.4 植物景观

应集中处理水塘中的绿藻，并种植适宜的观赏性水生植物（摄于新沟镇街）

当地家庭可选择蔷薇、杜鹃、小檗、冬青、海桐、合欢、月桂及部分果木等植物进行种植（摄于新沟镇街）

规范整齐的菜畦是乡村美丽景观的一个重要组成部分（摄于新沟镇街）

清理水塘周围杂草，适当种植荷花、睡莲、芦苇等，使水塘可观可游（摄于新沟镇街）

樟树和松树巨大如伞，存活期长，能遮阴避凉，是当地宅前屋后常见栽植树种（摄于新沟镇街）

村内树木应统一悬挂树木标识牌，用来营造景观（摄于石榴红村）

7.3.5　院落围合

围墙的虚实、高矮变化丰富了庭院的空间层次（摄于石榴红村）

围墙材料的选取应和建筑单体、大门以及周边环境和谐一致（摄于石榴红村）

应注重围墙材料的选取和图案的变化（摄于石榴红村）

镂空的墙面形成虚实关系，丰富了庭院空间层次（摄于石榴红村）

7.3.6　庭院营造

浅石叠砌，使水岸景观更加优美（摄于石榴红村）

适当设置亭台小品，给村民提供休憩空间（摄于码头潭遗址公园）

池塘中可栽植荷花、睡莲、芦苇等植物 （摄于石榴红村）

水岸与道路的边界可用绿植过渡（摄于码头潭遗址公园）

135

7.3.7 生活场景

饲养家禽是当地村民的习惯，应当保留，并为家禽提供活动场地（摄于石榴红村）

村民利用当地特产石榴发家致富（摄于石榴红村）

门外可晾衣、置伞、休憩、纳凉，入户处的微空间是村民日常生活的重要场所（摄于新沟镇街）

手工艺品的售卖场景展现了当地的生活习惯（摄于新沟镇街）

136

7.3.8 环境管理

景区线路导视牌（摄于石榴红村）

公共服务导视牌（摄于码头潭遗址公园）

景区历史展示牌（摄于茅庙集）

路旁的特色路灯（摄于石榴红村）

街道两边的房子悬挂各式路灯，形成了富有特色的街景（摄于茅庙集）

路灯显示出地方特色（摄于码头潭遗址公园）

7.4 东西湖区整治图集

7.4.1 方案一：矮墙围合形式

1）房前

　　利用建筑与道路之间的空隙地带，布置花坛、菜地，摆放特色小品如路灯、指示牌等。

路灯

小品

道路

1 路灯选型

2 小品选型

矮墙、篱笆

道路

3

3 矮墙、篱笆选型

2）屋后

　　用矮墙和篱笆等隔出院落空间，在美化环境的同时，也确保了私密空间不受过往车辆和行人的干扰。

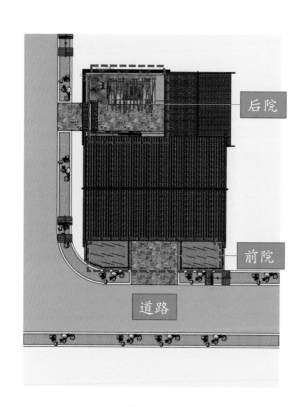

后院

前院

道路

总平面图

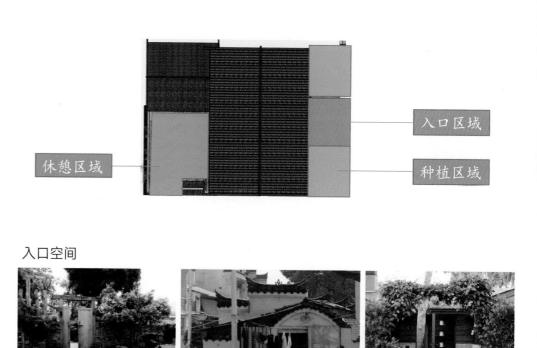

入口区域

休憩区域

种植区域

入口空间

7.4.2 方案二：二进院落形式

在建筑围合出的院落中使用绿植优化居住环境。宅前亦可摆放水缸、水罐等特色小品。

院门

铺地

 院门选型

铺地选型

植物、院门、指示牌的选取都应符
合区域特色，既能反映主人良好的审美
情趣，又符合居住需求。

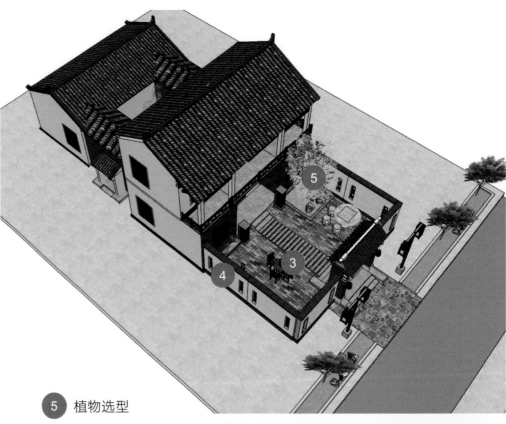

③ 休憩设施选型

④ 指示牌选型

⑤ 植物选型

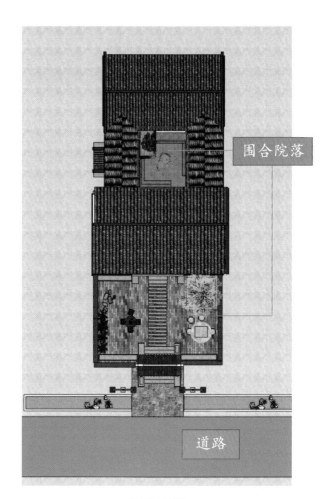

围合院落

道路

总平面图

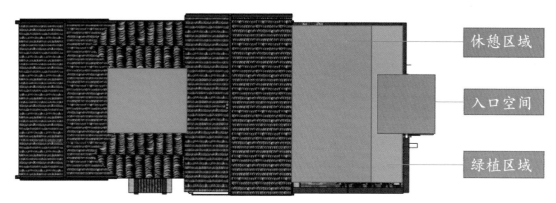

休憩区域

入口空间

绿植区域

休憩区域

绿植区域

7.4.3 方案三：建筑围合形式

大门

铺地

围墙

道路

 大门选型

围墙选型

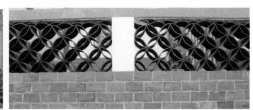

铺地选型

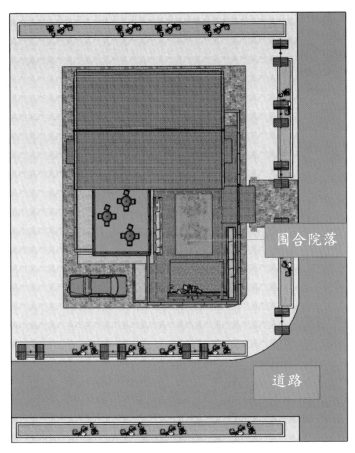

总平面图

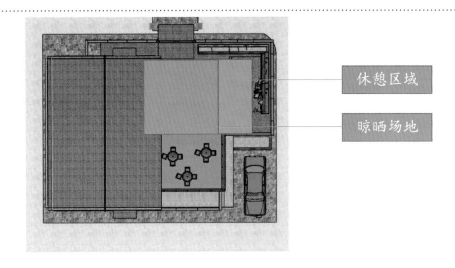

休憩区域

晾晒场地

晾晒场地

休憩区域

围合院落

道路